Ensayo de Materiales y Componentes Electrotécnicos.

Alberto Torresi

Ensayo de Materiales y componentes Electrotécnicos

UNIVERSITAS

CÓRDOBA

EDITORIAL CIENTÍFICA UNIVERSITARIA

Pje España 1467. Te/Fax: 4680913. (5000) Córdoba. Argentina – editorialuniversitas@yahoo.com.ar

Diseño de Tapa: Universitas

Autoedición: Universitas

Producción Gráfica: Universitas.

ÍNDICE

Capítulo I:
Materiales

1-1 Generalidades

En el proyecto y cálculo de un aparato eléctrico o un sistema, tiene una importancia primordial el conocimiento de las características de los materiales a utilizar y de las solicitaciones a que estarán expuestos en servicio. La calidad de los materiales deben ser previamente comprobados por medio de ensayos de laboratorio.

En este capítulo se desarrollan las técnicas y procedimientos de ensayo de las características de los materiales electrotécnicos más utilizados en las construcciones electromecánicas, como son los materiales conductores, aislantes y magnéticos. Durante los procedimientos de prueba se intentan reproducir en el laboratorio las condiciones a que estarán sometidos los materiales en servicio permanente.

1-2 Materiales Conductores

Al considerar los materiales conductores nos abocaremos solamente a las propiedades eléctricas que han de tenerse en cuenta para determinar la calidad y los métodos para su determinación.

1-1.1 Resistencia Eléctrica

La resistencia eléctrica R, de un material conductor constituye un índice de la oposición que ofrece al paso de la corriente eléctrica.

Se define como la relación entre la tensión constante U, aplicada a sus extremos y la corriente permanente I que circula por el conductor, es decir que se trata de un coeficiente de proporcionalidad entre ambas magnitudes, expresado por:

$$ = -$$

La unidad internacional de resistencia eléctrica es el Ohm Ω) definido como la resistencia eléctrica de un circuito recorrido por la corriente de un Ampere, con la diferencia de potencial de un Volt. Para resistencias muy pequeñas se emplea un submúltiplo denominado micrhom ($\mu \Omega$), siendo:

$$1 \text{ microhm} = 1 \mu \Omega = 10^{-6} \text{ Ohm}$$

Para un material conductor determinado, la resistencia R es en general, independiente de la tensión aplicada U y de la corriente I que pasa por el circuito formado por este conductor, es en realidad un parámetro que depende de la naturaleza y dimensiones del material considerado.

En conductores de sección uniforme, relativamente pequeña respecto a su longitud, la resistencia es directamente proporcional a la longitud ℓ e inversamente proporcional a la sección s, de forma que puede expresarse por:

$$= \frac{\ell}{}$$

En la que ρ es el coeficiente de proporcionalidad distinto para cada material conductor, denominado resistividad.

La resistividad eléctrica o resistencia específica es la medida de la resistencia eléctrica de una cantidad unidad de un material dado. Si la resistencia se refiere a la unidad de superficie y de longitud se trata de resistividad volumétrica, que es la más utilizada como característica típica de los materiales conductores. La expresión de la resistencia volumétrica se deduce de la fórmula que expresa la resistencia eléctrica, es decir:

$$= \frac{}{\ell}$$

Si R se mide en Ohm, s en milímetros cuadrados y ℓ en metros, la resistividad queda expresada en Ohm por milímetro cuadrado y por metro, es decir:

$$= \frac{}{}$$

Esta expresión de la resistividad volumétrica es la generalmente empleada para conductores metálicos. Volviendo a la expresión general de la resistencia y adoptando las unidades anteriores:

$$(\Omega) = \frac{(\Omega \cdot mm \;)}{s \;(mm\;)} \cdot \frac{\ell \;(m)}{}$$

Se deduce que la resistividadρ es igual a la resistencia en Ω de un hilo de 1 m de longitud y 1 mm² de sección.

Para los cuerpos muy buenos conductores, de superficie bastante grande (por ejemplo los electrolíticos) la resistencia R se mide en microhm, s en centímetros cuadrados y ℓ en centímetros. En este casoρ queda expresado como:

$$= \frac{\Omega \cdot cm}{}$$

1-1.2 Variación de la Resistencia con la Temperatura

Según la clase de materiales empleados, la resistencia eléctrica varía de distinta forma al aumentar la temperatura.

- La resistividad del cobre, del aluminio y, en general, de casi todos los materiales metálicos aumenta, si aumenta la temperatura.

- Industrialmente, se consiguen ciertas aleaciones de cobre y niquel algunas veces con adición de otras sustancias (por ejemplo manganeso) cuya resistividad es prácticamente independiente de la temperatura.

- El carbono, sus derivados y casi todos los materiales aislantes en estado seco, presentan el fenómeno inverso, es decir que su resistencia disminuye al aumentar la temperatura.

Dada la influencia que tienen la temperatura t, sobre los valores de la resistividad y de la conductividad, se acostumbra hacer constar aquella mediante un subíndice añadido al símbolo correspondiente: asíρ$_{20}$ significa la resistividad a 20ºC.

Experimentalmente se ha comprobado que el incremento de resistencia de un material conductor, por cada grado de aumento de la temperatura, en una constante C del material, independiente de la resistividad inicial de la muestra, de la temperatura inicial y de la calidad de la muestra.

Por ejemplo placa de cobre:

$$= 68 \times 10 \quad \frac{.mm}{°C}$$

Lo que quiere decir que la resistencia de un conductor de cobre de 1m de longitud y 1mm² de sección constante, pasa cualquier calidad electrotécnica y a cualquier temperatura aumenta $68\mu\Omega$ por cada °C.

La expresión matemática de esta ley es:

$$= \quad + \quad (t_2 - t_1)$$

ρ_{t2} = resistividad a la temperatura t_2.

ρ_{t1} = resistividad a la temperatura t_1.

La representación gráfica de $\rho = f(t)$ es lineal.

Si al variar la temperatura de un conductor desde t_1 a t_2 °C, su resistividad aumenta desde ρ_{t1} a ρ_{t2} se define como coeficiente de temperatura medio α_{t1} partir de t_1 °C, como la variación c de resistividad por grado centígrado, referida al valor inicial de ρ a ρ_{t1}.

Matemáticamente, el valor del coeficiente de temperatura media está dado por:

$$= \frac{\overline{\quad}}{\overline{\quad}}$$

Aunque la constante de temperatura C, es independiente de la calidad de la muestra, el coeficiente de temperatura resulta en cambio inversamente proporcional a la resistividad inicial ρ_{t1} e independiente de la temperatura final.

Si llamamos X_{t1} a la conductividad inicial, resulta la expresión:

$$= \ — \ =$$

De la fórmula expresada anteriormente:

$$= \rho_{t1} + C\,(t_2 - t_1)$$

Se deduce:

$$= \left[1 + \text{---} (t_2 - t_1)\right]$$

Y recordando que:

$$= \text{---}$$

Tenemos finalmente:

$$= \left[1 + \quad (t_2 - t_1)\right]$$

Que es una fórmula muy importante y de múltiples aplicaciones.

Si se toma como base las características del material a 20 °C que es la temperatura de referencia para la normalización de las propiedades de los materiales conductores, resulta:

$$= \left[1 + \quad (t_2 - 20)\right]$$

En forma genérica haciendo $t = t$, que es la temperatura a que está sometido el material conductor queda:

$$= \left[1 + \quad (t - 20)\right]$$

$$= \left[1 + \quad (t - 20)\right]$$

1-1.2 Ensayo de Resistencia

El método más exacto para medir resistencia es el puente Wheatstone, sin embargo cuando se miden resistencias muy pequeñas con el puente, las resistencias de los contactos entre la muestra que se ensaya y las terminales del puente pueden ser suficientes, comparadas con la resistencia de la muestra, para que el resultado obtenido carezca prácticamente de valor.

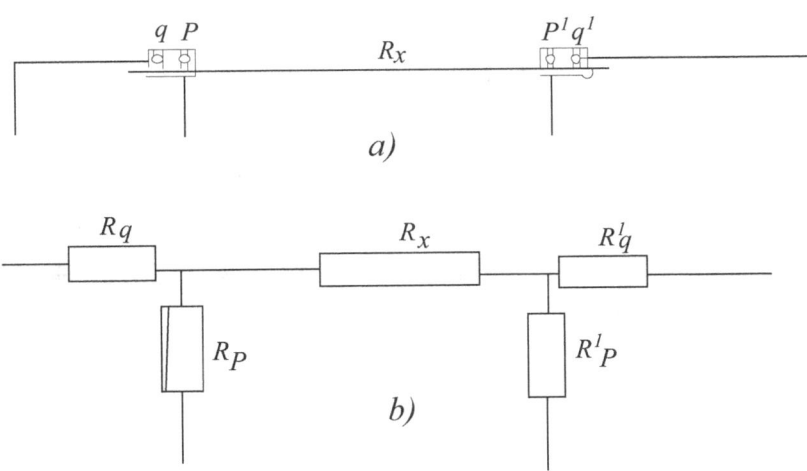

Fig. 1-1: a) Resistencia con terminales de cuatro contactos
b) Circuito equivalente

La figura 1-1 muestra una resistencia con terminales de cuatro contactos y su respectivo circuito equivalente. Colocando esta resistencia en el circuito del puente de Wheatstone, figura 1-2, y analizando dicho circuito vemos que la resistencia R_p' no interviene en la medición porque esta en serie con la fuente y fuera del circuito de medición del puente, la resistencia R_q tampoco tiene influencia en la medición dado que cuando el puente está en equilibrio, no circula corriente por R_q y por lo tanto no hay caída de tensión.

El efecto de la resistencia R_q puede ser minimizado haciendo R_A y R_B de valores lo suficientemente grandes de manera que la corriente que circula por la rama resulte pequeña y el efecto de R_q queda minimizado.

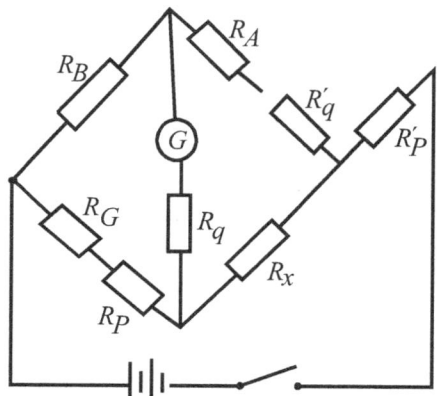

Fig. 1-2 Circuito del puente de Wheatstone

Queda la resistencia de contacto R_p que no puede ser eliminada. Además, como R_x es de bajo valor, la mayor parte de la corriente que circula por R_x con lo que aumentará el efecto de la resistencia de contacto. El efecto de esta resistencia de contacto se elimina en el puente de Kelvin, figura 1-3

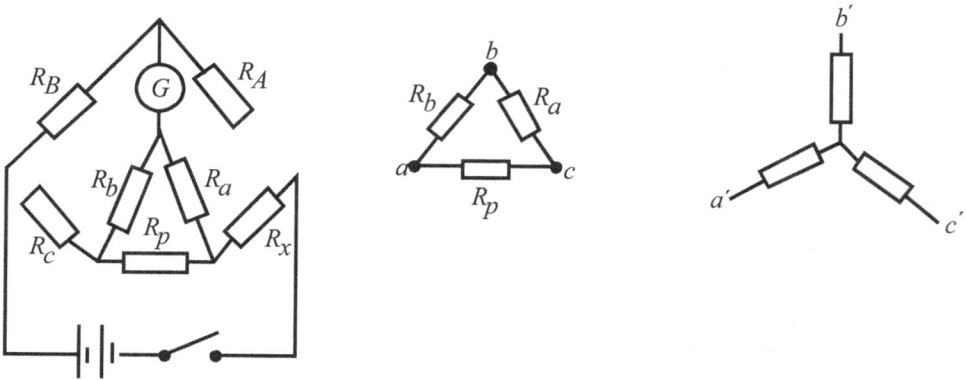

Fig. 1-3 Circuito del puente de Kelvin

Considerando el circuito en triángulo abc y su equivalente en estrella a`b`c` tenemos:

$$= \frac{}{+ \quad +}$$

$$= \frac{}{+ \quad +}$$

$$= \frac{}{+ \quad +}$$

Reemplazando el triángulo por la estrella en el circuito del puente de Kelvin y planteadas las ecuaciones de equilibrio del puente de Wheatstone tenemos, (figura 1-4):

$$(R_c + \quad) = \quad (R_x + \quad)$$

$$+ \quad = \quad +$$

$$= \frac{+ \quad -}{}$$

$$= \quad - \quad + \frac{-}{}$$

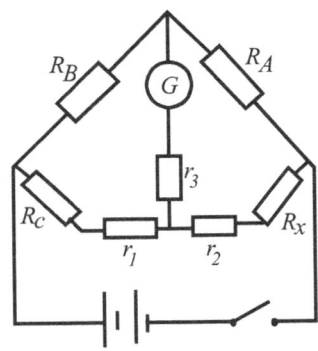

Fig. 1-4 Circuito equivalente del puente de Kelvin

Si se cumple la condición: ———— $= 0$, es decir: $-$ $= 0$

Se cumplirá para R_x la misma forma de determinación que en el puente de Wheatstone.

El circuito del puente deberá cumplir en forma permanente la condición:

$$=$$

$$\frac{. R_b . R}{+ \quad +} = \frac{}{+ \quad +}$$

$$=$$

$$— = —$$

Si constructivamente se consigue que se cumpla de forma permanente la relación $— = \frac{R_B}{R}$, tenemos para R_x la ecuación del puente de Wheatstone. Como se puede observar R_p no interviene en la determinación de R; de cualquier manera debe ser del valor más bajo posible.

Para obtener una sensibilidad suficiente es necesario que la corriente del puente sea de 15 a 150 Amperes, según sea el valor de la resistencia a medir.

La figura 1-5 muestra un montaje de un puente de Kelvin Lead and Northrup. En el circuito del puente se ha introducido un interruptor a pulsador, a los efectos de que la alta corriente circule en el menor tiempo posible para evitar el calentamiento de la muestra.

Cuando el puente está equilibrado se puede obtener el valor de la resistencia desconocida a la temperatura ambiente. Conociendo el valor del coeficiente α_{20} se puede determinar el valor R_{20}.

$$= \quad [1 + \quad (t - 20)]$$

$$= \frac{}{1 + \quad (t - 20)}$$

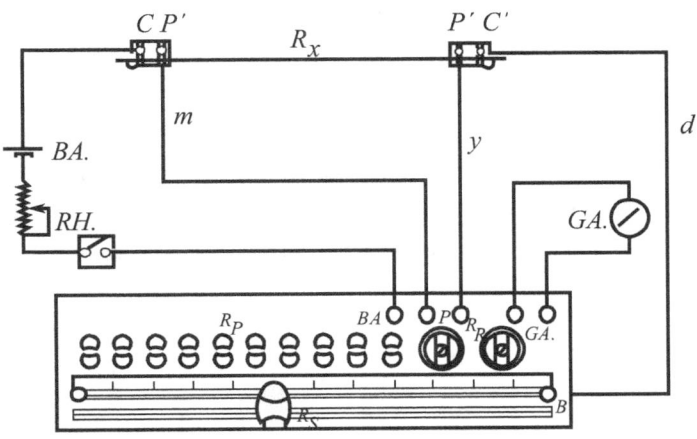

Fig. 1-5 Montaje de un puente de Kelvin Leed and Northrup

Además $R = \dfrac{\ell}{-}$

Conociendo ρ_{20} y ℓ se puede determinar la sección eléctrica equivalente a $20°C$.

$$= \quad . \dfrac{\ell}{}$$

1-2.1 Resistencias de contacto

Cuando se coloca una pieza de material conductor sobre otra, con el objeto de establecer un contacto eléctrico, en realidad, cualquiera sea la presión a que estén sometidas ambas piezas quedan separadas por una distancia relativamente grande, en relación con las dimensiones atómicas. Con el ajuste más perfecto se consiguen separaciones de μm entre ambas piezas, mientras que el átomo es unas 1000 veces más pequeño. En estas condiciones puede comprenderse fácilmente que las resistencias de contacto entre las dos piezas, pueden tener valor considerable.

Por consiguiente, y de acuerdo a lo expresado anteriormente, resulta que el paso de energía eléctrica de una pieza a otra se efectúa de dos formas:

a)   A través de una zona de contacto íntimo, o zona de conducción.

b) A través de una zona de disrupción, donde el gradiente de tensión puede alcanzar valores elevados, próximos a la rigidez dieléctrica del aire o del aislante que separa ambas zonas de contacto.

Como los contactos, tal como se ha visto, se presentan simultáneamente, fenómenos conductores y fenómenos disruptores, no es posible aplicar la ley de Ohm.

Se define la resistencia de contacto como la relación existente entre la tensión en los bordes de contacto y la intensidad de corriente que atraviesa este contacto:

$$= —$$

La resistencia de contacto no es constante y depende, entre otras, de las siguientes causas:

a. De la presión a que están sometidas las piezas, o presión de contacto.

b. De la composición de las piezas en contacto.

c. De la forma y sección de las piezas en contacto.

d. De la naturaleza del medio ambiente.

e. De la clase de corriente (continua, alterna, etc.)

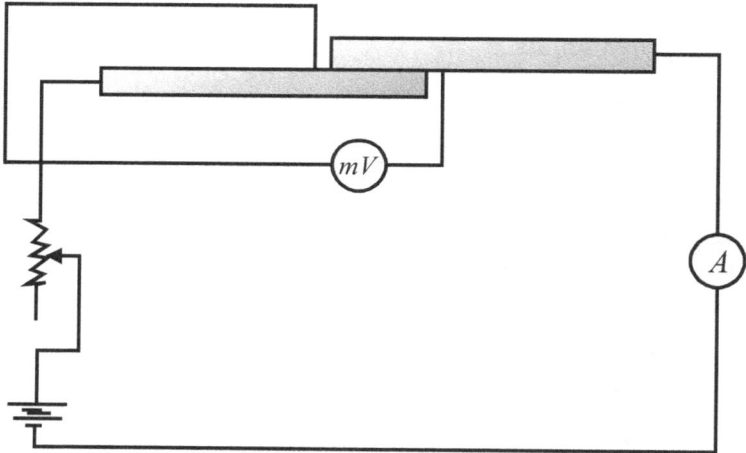

Fig. 1-6 Circuito para la medición de la resistencia de contacto

Se puede considerar un contacto como bueno, cuando la diferencia de temperatura entre el contacto y los puntos de alrededor, es muy pequeña. La caída de tensión μ expresada en milivolts y para intensidades superiores a 100 A no deben pasar del valor expresado en la siguiente fórmula:

$$= 2 + \underline{\quad\quad} \qquad (I = \text{intensidad en amperes}).$$

El circuito para la medición de la resistencia de contacto es el mostrado en la figura 1-6.

Al ponerse en contacto dos metales diferentes se produce una fuerza motriz, distinta de la termoeléctrica, uno de los metales se hace electropositivo y el otro electronegativo. Este fenómeno se conoce con el nombre de efecto Volta.

El calentamiento de uno de los electrodos altera el estado eléctrico del sistema; el electrodo calentado se hace electronegativo. También influyen en este fenómeno las impurezas del metal y el contenido de vapor de agua, etc.

1-3 MATERIALES AISLANTES

La finalidad de los materiales aislantes en las máquinas e instalaciones eléctricas, es asegurar un aislamiento eléctrico seguro y suficiente entre los conductores y entre estos y las partes metálicas del aparato o instalación.

Para cumplir con éxito esta misión, es necesario que los materiales utilizados como aislantes cumplan ciertas propiedades o características. Naturalmente las propiedades eléctricas son las más interesantes, sin olvidarse de las restantes. Para elegir un material aislante deben tenerse en cuenta las siguientes propiedades eléctricas:

- Resistencia de aislamiento.
- Rigidez dieléctrica.
- Constante dieléctrica.
- Factor de pérdidas dieléctricas.
- Factor de potencia.
- Resistencia del arco.

1-3.1 Resistencia de aislamiento.

Se denomina resistencia de aislamiento de un material aislante, a la resistencia que ofrece al paso de la corriente eléctrica, medida en la dirección en que debe asegurar el aislamiento.

Como la corriente de fuga de un material sigue dos caminos posibles, uno sobre la superficie del material y otro a través del cuerpo del material, habrá que distinguir entre resistencia de aislamiento superficial y resistencia de aislamiento transversal o volumétrica. Se sobreentiende que estos dos caminos de la corriente de fuga actúan en paralelo y la pérdida ohmínica total depende en gran parte de las condiciones de la superficie del material aislante.

La resistencia de aislamiento superficial es la resistencia que ofrece la superficie del material al paso de la corriente cuando se aplica una tensión entre dos zonas de dicha superficie (figura 1-7 a).

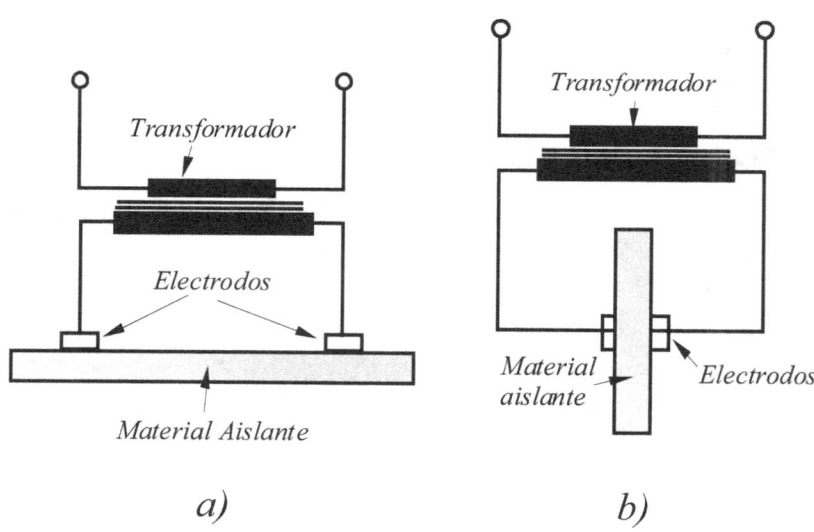

Fig. 1-7 Concepto de resistencia de aislamiento de un material.
a) Superficial
b) Transversal

El valor de esta resistencia se refiere a la superficie comprendida entre las dos zonas sometidas a tensión, las cuales están en contacto con los electrodos, y suele medirse en megaohm por centímetro cuadrado ($M\Omega/cm^2$). A esta magnitud se la denomina resistividad superficial.

La resistencia de aislamiento transversal corresponde a la resistencia que opone el material a ser atravesado por la corriente, cuando se aplica una tensión entre sus dos caras (figura 1-7 b).

También se denomina resistencia transversal o volumétrica y está expresada en Ohm^{cm^2}/cm.

La expresión general de la resistencia eléctrica es:

$$ = \frac{\ell}{}$$

Y por lo tanto: $\rho_v = \dfrac{\overline{}}{\ell}$

Y si se expresa R en las correspondientes unidades de resistencia:

$$ = Ohm \, (o \; megohm) \text{---}$$

En un mismo material aislante, la resistividad transversal no es un valor constante, como suele ocurrir con los materiales conductores, sino que varía con la temperatura, la tensión aplicada, el tiempo, la humedad, el espesor del material, etc.

Para los ensayos de resistencia de aislamiento transversal, se recomienda el empleo de electrodos líquido, usando preferentemente mercurio, como los que se describen a continuación, que ofrecen la ventaja de poder adaptarse a la forma de la superficie a ensayar.

Un juego de electrodos líquidos (figura 1-8) está constituido de la siguiente forma: un electrodo inferior, Nº 3, constituido por líquido contenido en una vasija en forma de plato como se representa en la figura 1-8. Sobre el líquido se coloca la probeta del material que se quiere ensayar, y sobre ésta, el otro electrodo, Nº1, también líquido que se forma colocando sobre la probeta un anillo aislante de diámetro interior d y paredes bastante gruesas que contienen el líquido; además, se coloca otro anillo y el espacio entre ambos se llena también con líquido, que queda así aislado del disco central líquido.

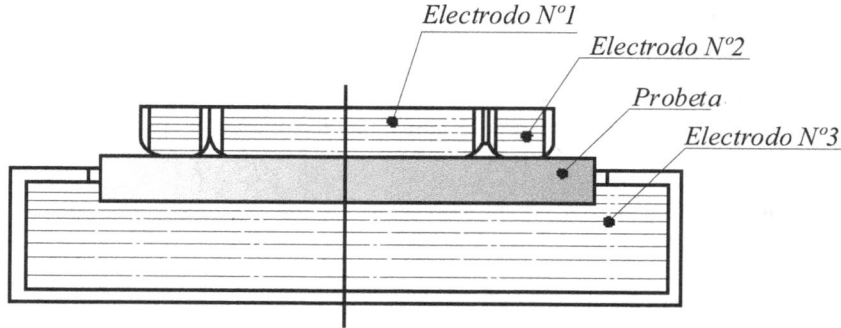

Fig. 1-8 Disposición para electrodos líquidos

En lugar de líquido puede usarse también una capa de pintura conductora, o pueden metalizarse las dos superficies de la probeta, cuidando en ambos casos que la película conductora que actúa de electrodo, esté perfectamente aplicada al aislante, haciendo contacto con éste en toda su superficie.

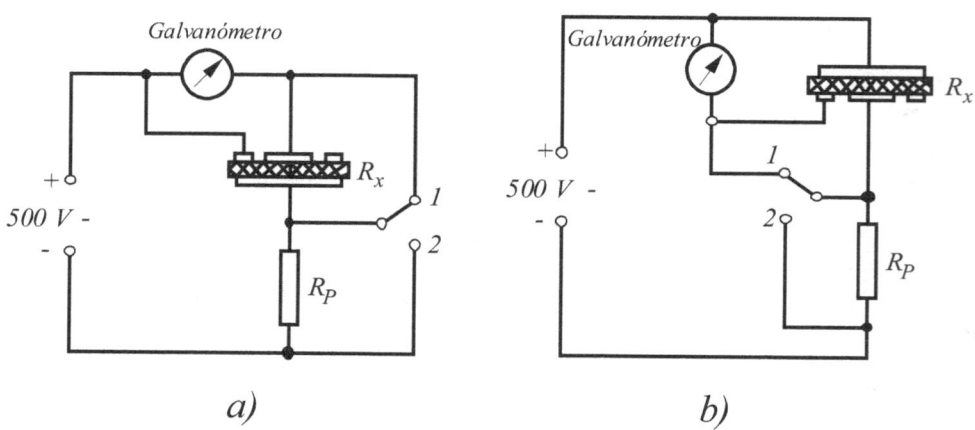

Fig. 1-9 Circuito de medición de la resistencia de aislamiento.
a) Resistencia de aislamiento transversal
b) Resistencia de aislamiento superficial

Para el ensayo de resistencia de aislamiento superficial pueden emplearse los mismos electrodos que se acaban de describir, aunque es más corriente el uso de otro tipo de electrodos, constituidos por dos cuchillas de 10 cm de longitud cada una y separadas paralelamente 1 cm entre sí, figura 1-10.

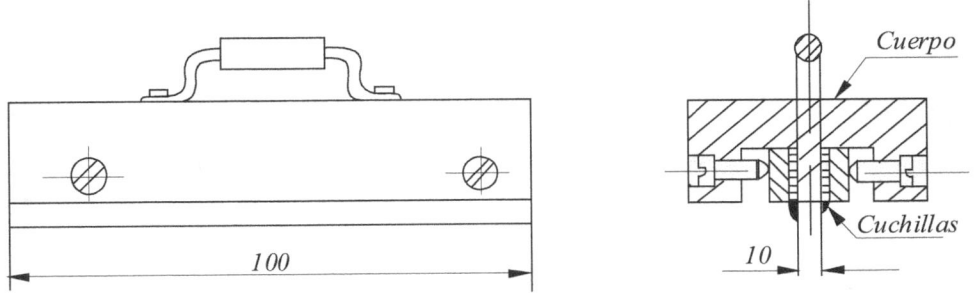

Fig. 1-10 Electrodos de cuchilla para el ensayo de resistencia de aislamiento superficial

Los ensayos de determinación de aislamiento transversal se realizan, según el esquema de la figura 1-9 a, empleando una tensión continua de 500 V. Primeramente se conecta al conmutador en la posición 1 y, a continuación en la posición 2. El método consiste en comparar la corriente que atraviesa la resistencia de prueba R_p de valor conocido y la que circula por la probeta cuya resistencia R_a es la que se trata de averiguar.

$$=$$

$$= -$$

La resistencia de aislamiento superficial se determina de forma similar. Si se utilizan los electrodos líquidos, se emplea el esquema de la figura 1-9 b y, si se efectúa la prueba con electrodos de cuchilla se sigue el esquema representado en la figura 1-11 que es de utilidad en cierto tipo de ensayos.

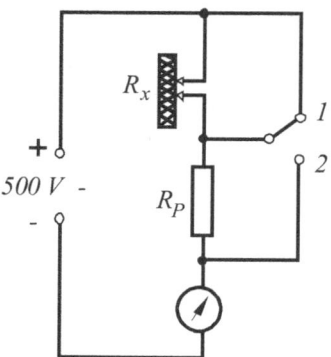

Fig. 1-11 Circuito de medición de la resistencia de aislamiento superficial, con electrodos de cuchillas

1-3.2 Rigidez dieléctrica.

El aislante ideal no se conoce todavía; en todos los casos, cuando se aplica una tensión entre las dos caras de una pieza aislante, esta es atravesada por una pequeña corriente de fuga. Con ello, el material se calienta localmente y el calentamiento permite el paso de más corriente, al disminuir la resistividad transversal. Este efecto es acumulativo y si la tensión alcanza un valor suficientemente elevado, puede producirse la perforación, con las consiguientes perturbaciones o averías si se trata de un material en servicio.

Se denomina rigidez dieléctrica a la propiedad de un material aislante de oponerse a ser perforado por la corriente eléctrica.

Su valor se expresa por la relación entre la tensión máxima que puede apreciarse sin que el aislamiento se perfore (llamada Tensión de Perforación) y el espesor de la pieza aislante.

Suele expresarse en kilovolt por milímetro ($kV\ mm$).

Debe tenerse en cuenta el espesor del material en que se ha efectuado el ensayo de determinación de la rigidez dieléctrica, ya que ésta no es constante, sino que varía con el espesor del material. Es muy frecuente utilizar erróneamente el concepto de rigidez dieléctrica por no prestar la debida atención a este particular.

La rigidez dieléctrica varía con la temperatura, la humedad, el tiempo, etc., por consiguiente resulta necesario, en cada caso expresar las condiciones en que es obtenido este dato.

En los ensayos de determinación de la rigidez dieléctrica, pueden utilizarse tres tipos de electrodos, que se detallan a continuación:

El primer tipo (figura 1-12 a) consiste en un electrodo en forma de esfera de 25 mm de diámetro y otro electrodo en forma de disco de 50 mm. Entre ambos electrodos se coloca una probeta de material que se ha de ensayar.

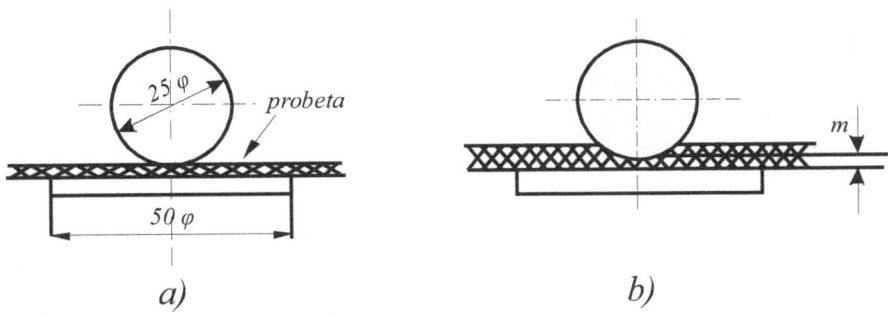

Fig. 1-12 Electrodos de esfera y disco para ensayos de rigidez eléctrica
a) Para probeta de espesor hasta 3mm
b) Para probetas de espesor superior a 3 mm

Si el espesor es superior a 3 mm se rebajará hasta dicha medida, mecanizando en una de sus caras un casquete esférico en el que se incrustará el electrodo de la esfera según la figura 1-12 b, tanto éste último caso, como si el espesor de la probeta es inferior a 3 mm se cuidará de que el centro de la esfera quede alineado con el eje del disco, para que la trayectoria de la corriente eléctrica sea perpendicular a la cara de la probeta.

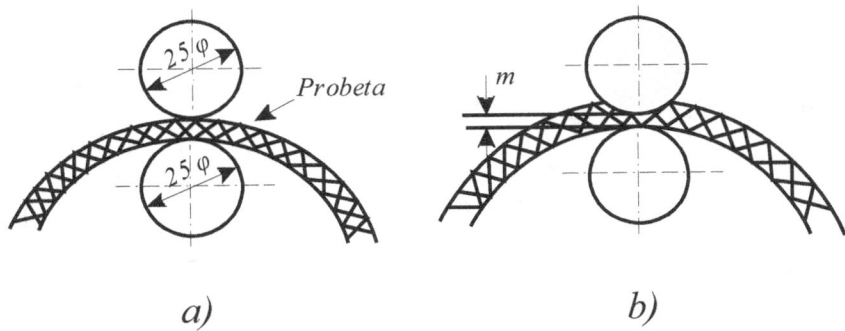

Fig. 1-13 Efecto de esferas para ensayos de rigidez dieléctrica.
a) Para probetas curvas de espesor hasta 3 mm.
b) Para probetas de espesor superior a 3 mm.

Otro tipo de juego de electrodos es el representado en la figura 1-13 a, consta de dos electrodos de forma esférica de 25 mm de diámetro cada uno. Se utiliza en ensayos con probetas de caras curvas, en las que no es posible utilizar el electrodo de disco descripto anteriormente. También se hará el proceso de rebajar el espesor de la probeta a 3 mm en caso de ser superior a esta medida.

También pueden realizarse los ensayos de rigidez dieléctrica empleando un juego de electrodos constituidos por disco de 100 mm de diámetro figura 1-14 y otro en forma de cilindro de 50 mm de diámetro y con los bordes redondeados con un radio de 3 mm. Este tipo se utiliza para determinar la rigidez dieléctrica en materiales en hoja o láminas con espesor inferior a 3 mm.

Finalmente, en otros casos especiales se utilizan electrodos de forma especial adaptables a formas determinadas. La figura 1-15 muestra ensayos de electrodos de acuerdo a diferentes normas y a diversos países.

Existen dos procedimientos de ensayo: uno de aplicación continua y progresiva de la tensión y otro ensayo escalonado, llamado de minuto.

En el primero, se conectan los electrodos, entre los que se ha colocado la probeta, a las terminales de un transformador y, por medio de un dispositivo adecuado, va incrementándose la tensión progresivamente hasta que se produzca la perforación de la probeta.

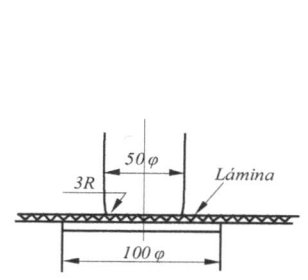

Fig.1-14 Electrodo
de cilindro y disco
para ensayos de
rigidez dieléctrica

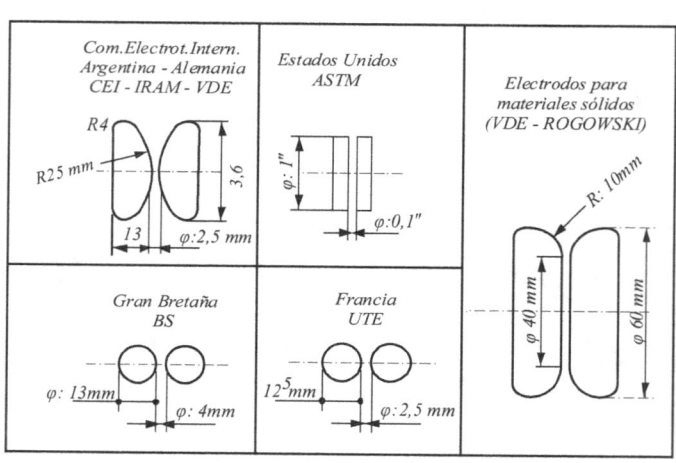

Fig.1-15 Tipos de electricidades para ensayos de
rigidez dieléctrica según normas de diversos países.

La variación de tensión puede conseguirse por el procedimiento representado en el circuito de la figura 1-16.

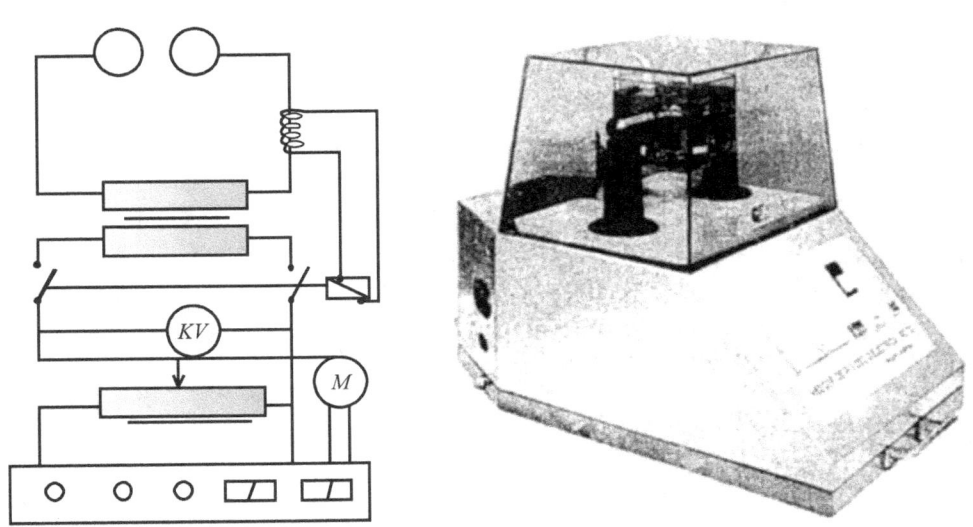

Fig. 1-16 Medidor de rigidez dieléctrica

Los electrodos están conectados a los terminales de salida de un transformador de alta tensión. El circuito del lado de baja tensión del transformador está conectado a un autotransformador, con tensión de salida regulable en forma continua por medio de un servo motor. Cuando la tensión en los electrodos alcanza el valor que produce la descarga disruptiva, la alta tensión se interrumpe y el valor de perforación queda indicado en el voltímetro respectivo. La alta tensión no puede ser re-establecida sin volver a cero la tensión en el primario del transformador. La tensión de perforación de la muestra puede ser leída con comodidad en el voltímetro.

El ensayo escalonado o de minuto, se comienza por aplicar una tensión inicial, cuyo valor será aproximadamente la mitad de la tensión de perforación obtenida en el ensayo anterior, manteniendo esta durante un minuto. Al cabo de este tiempo, se aumenta el valor de la tensión en 1/10 aproximadamente, del mismo valor de tensión de perforación del ensayo anterior. Se mantiene este valor durante un minuto más, y si el material resiste, se resuelve incrementar la tensión y mantenerla durante el mismo período de tiempo y así sucesivamente hasta que se produce la ruptura.

Como tensión de perforación debe tomarse el valor máximo de la tensión que produce la ruptura. En corriente alterna la tensión eficaz no es la máxima a la que realmente está sometido el material aislante. La tensión nominal corresponde a la tensión eficaz y para obtener la tensión máxima que deberá soportar el aislante conectado a una red de 50 Hz debe multiplicarse el valor por 1,41.

1-3.3 Constante dieléctrica.

El empleo de los materiales aislantes en la construcción de condensadores y los efectos capacitivos existentes en los cables de transporte de energía, será necesario conocer las constantes dieléctricas de los materiales aislantes utilizados en estas aplicaciones.

Se llama constante dieléctrica de un material aislante a la relación entre la capacidad de un condensador que emplea como dieléctrico al material considerado y la capacidad del mismo condensador empleado como dieléctrico al vacío.

De la conocida fórmula de la capacidad de un condensador:

$$= 0,8859 \, \frac{S(n-1)}{\underline{}}$$

C = capacidad en μF.

S = superficie total de una placa (dos caras) en cm^2.

n = número de placas.

d = distancia entre placas o espesor del dieléctrico en C.

ε = constante dieléctrica.

Se deduce que cuanto mayor sea la constante dieléctrica, mayor será la capacidad del condensador. Y también será mayor la capacidad cuanto más delgado sea el aislamiento entre placas, o sea cuanto menor sea d. No obstante hay un límite mínimo para este espesor, ya que al mismo tiempo disminuye la rigidez dieléctrica.

El procedimiento a seguir para la determinación de la constante dieléctrica es muy sencillo. Se toma un condensador de placas con dieléctrico aire y se mide su capacidad. Luego se coloca entre placas el aislante cuya constante dieléctrica interesa conocer, cuidando de conservar las mismas dimensiones y se vuelve a medir la capacidad del condensador, la relación de capacidades.

$$= \underline{}$$

En la que C corresponde al dieléctrico ensayado y C_0 al aire. Nos da otra constante dieléctrica cuyo valor se quiere determinar.

1-3.4 Factor de pérdidas dieléctricas.

Se entiende por pérdidas dieléctricas, la potencia perdida a través de los aislantes. Estas pérdidas tienen valores reducidos puesto que generalmente pueden despreciarse en aplicaciones industriales.

La corriente de fuga, al atravesar el material aislante lo calienta.

El factor de pérdidas constituye un criterio para medir la pérdida de potencia por calentamiento de los aislantes. También se considera una medida de la capacidad de generación de calor por unidad de volumen de material aislante.

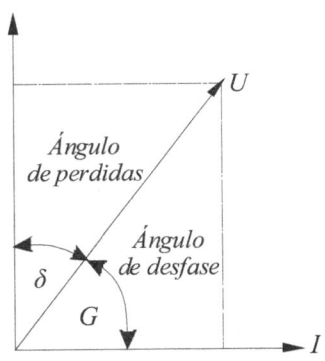

Fig. 1-17 Concepto de ángulo de pérdidas en un dieléctrico.

El ángulo δ figura 1-17 se denomina ángulo de pérdidas que equivale a 90 $-\varphi$ o siendo φ el ángulo de desfasaje.

Como la energía almacenada en el dieléctrico es proporcional a la constante dieléctrica, las pérdidas dieléctricas en este material será proporcional al producto ε.. *ten* δ que se denomina factor de pérdidas.

El método más común para la medición de tangente de pérdidas es el puente de Schering. El puente de medición de capacitancias y ángulos de pérdidas de un capacitor es el mostrado en la figura 1-18 y la medición se realiza por comparación de un capacitor patrón en aire o gas cuyas pérdidas son despreciables a la frecuencia de medición.

Una de las ramas del puente consiste en una muestra del dieléctrico cuyas pérdidas se determinan. En las pérdidas dieléctricas, la corriente a través del capacitor, forma con la tensión de entrada un ángulo $(90 - \delta)$ ligeramente inferior a 90°. Las condiciones son representadas por una capacitancia pura C_2 conectada en serie o en paralelo con una resistencia R_2.

La potencia disipada por la resistencia representa las pérdidas dieléctricas del capacitor. La condición de equilibrio del puente se logra más fácilmente con el circuito equivalente serie que el paralelo; ésta última forma se justifica sólo en el caso de especímenes de muy bajas pérdidas dieléctricas.

En la mayoría de los casos prácticos el circuito equivalente serie resulta satisfactorio. Cuando la tangente de pérdida es grande, el circuito serie indica un vector demasiado bajo de permisividad relativa (ε_s).

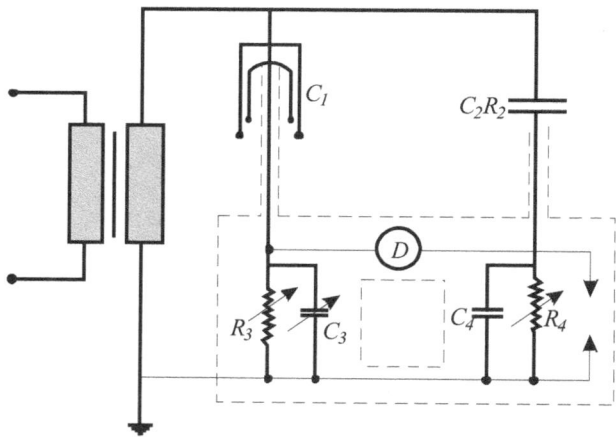

Fig. 1-18 Puente de medición de pérdidas dieléctricas

Los valores de la permitividad obtenidos con circuito serie (ε_s) y con circuito paralelo (ε_p) se relacionan por la siguiente expresión:

$$= \frac{\quad\quad\quad}{1 +}$$

En mediciones de alta precisión se usa el circuito paralelo.

De la condición de equilibrio obtenido con el detector indicador cero en el circuito de la figura 1-18 surge:

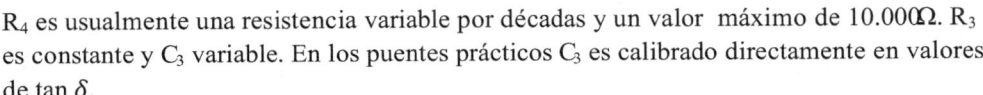

R_4 es usualmente una resistencia variable por décadas y un valor máximo de 10.000Ω. R_3 es constante y C_3 variable. En los puentes prácticos C_3 es calibrado directamente en valores de tan δ.

Como el factor de pérdida varía con la temperatura, la tensión aplicada, etc., pero muy especialmente con la frecuencia, para los ensayos se requieren tomar en cuenta estos factores, tratando de que la forma de onda sea sinusoidal sin armónicas, y la temperatura sea controlada durante el ensayo.

Las figuras 1-19 y 1- 20 muestran las celdas para ensayos de determinación de factor de pérdidas para aislantes sólidos y líquidos respectivamente.

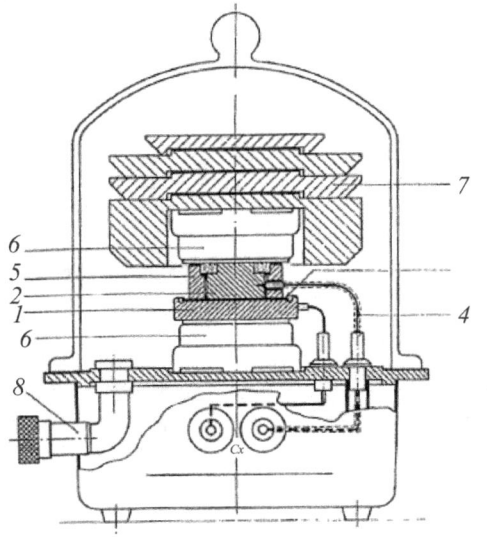

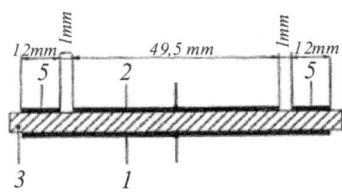

Referencias:
1- Electrodo de alta tensión
2- Electrodo de medición
3- Muestra a ensayar
4- Conexión del electrodo de medición
5- Anillo de guarda
6- Calefactor
7- Pesas
8- Conexión de vacío

Fig. 1-19 Celda para ensayo de factor de pérdidas en aislantes

sólidos

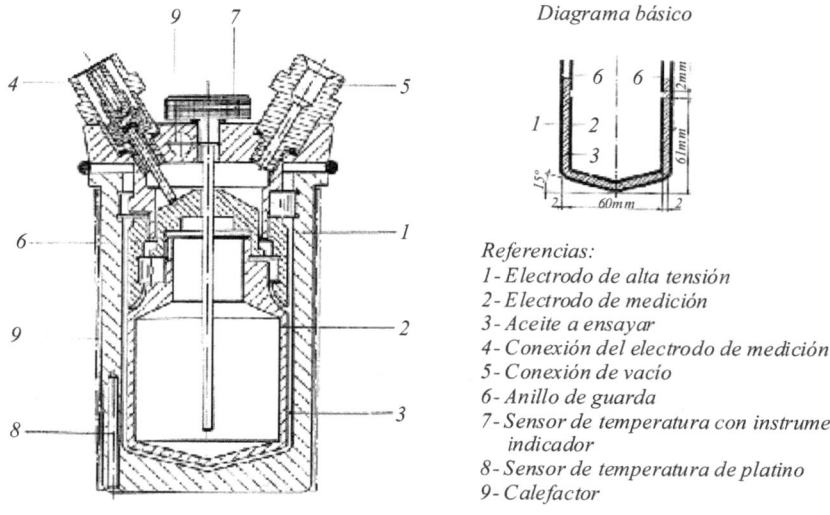

Diagrama básico

Referencias:
1- Electrodo de alta tensión
2- Electrodo de medición
3- Aceite a ensayar
4- Conexión del electrodo de medición
5- Conexión de vacío
6- Anillo de guarda
7- Sensor de temperatura con instrumento
  indicador
8- Sensor de temperatura de platino
9- Calefactor

Fig. 1-20 Celda para ensayo de factor de pérdidas en aislantes líquidos

1-3.5 Factor de potencia.

En los conductores, máquinas y aparatos eléctricos, el caso más favorable de aprovechamiento de la potencia disponible.

$$P= UI \cos \varphi$$

Se obtiene cuando:

$$= 1$$

O lo que es lo mismo: $\varphi = 0$.

Es decir cuando la tensión y la intensidad de corriente están en fase.

En el caso de un aislante se comprende que, por idénticas razones, el caso más favorable será aquel en que la potencia perdida a través del aislamiento sea nula, es decir cuando:

$$\rho= UI \cos\varphi =0$$

Y para ello es preciso:

$$\cos \varphi = 0$$

Es decir: $\varphi = 90°$.

Este sería el caso del aislamiento ideal. Pero en la práctica siempre se producen pérdidas cuyo valor es proporcional a la tangente del ángulo δ complementario del ángulo de desfase φ. Figura 1-17.

Muchas veces se utiliza el concepto de ángulo de desfasaje en lugar de ángulo de pérdidas y cuando se quiere expresar la calidad de un aislante, en lo que se refiere a sus pérdidas eléctricas.

Si se conocen las pérdidas dieléctricas de un material aislante, se puede calcular su factor de potencia mediante la fórmula:

$$\cos\varphi = \frac{\rho}{UI}$$

El aislante ideal será aquel en que:$\cos\varphi = 0$

Por consiguiente, se puede decir que un material es tanto mejor aislante cuanto más bajo es su factor de potencia.

1-3.6 Resistencia al arco.

Algunos elementos que emplean materiales aislantes están frecuentemente sometidos a la acción de arcos eléctricos que pueden llegar a inutilizar el aislamiento.

La resistencia al arco se mide por el tiempo que un material aislante es capaz de resistir los efectos destructivos de un arco antes de inutilizarse por haber formado un camino carbonizado, conductor sobre la superficie del aislante. Este tiempo depende naturalmente de la tensión aplicada a la corriente de arco.

No todos los materiales aislantes se carbonizan pero si casi todos pueden agrietarse por el intenso calor que acompaña al arco.

No obstante, algunos materiales resultan mejores que otros en lo que respecta a la resistencia de arco, ya que las condiciones en que este se produce, varían considerablemente. Debe seleccionarse cuidadosamente el material más idóneo para cada caso, de acuerdo con las recomendaciones de la firma fabricante.

Para disminuir la acción del arco, se incorporan a los aparatos eléctricos diversos dispositivos tales como cámaras apaga chispas, bobinas de soplado, etc.

El ensayo de resistencia al arco consiste en someter al material aislante a la acción de un arco eléctrico de determinada intensidad y tensión determinada durante un tiempo establecido.

El circuito que se utiliza es el mostrado en la figura 1-21.

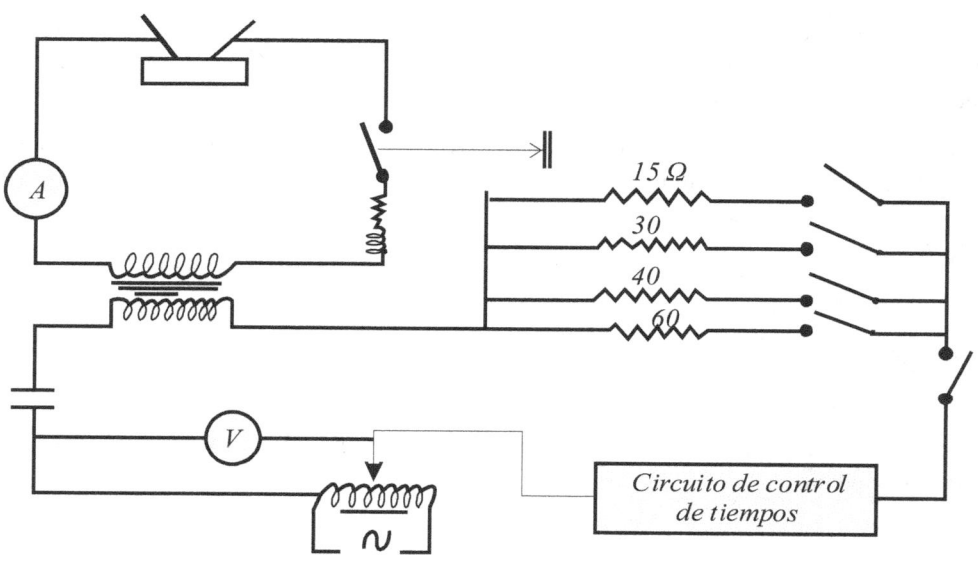

Fig. 1-21 Circuito para el ensayo de resistencia al arco

Según la norma ASTM D 495-84 el ensayo se realiza sometiendo al material aislante a las siguientes condiciones de arco.

CORRIENTE (mA)	CICLOS DE TIEMPO (s)		TIEMPO TOTAL (s)
10	0,25 si	1,75 no	60
10	0,25 si	1,75 no	120
10	0,75 si	0,25 no	180
10	continuo		240
20	continuo		300
30	continuo		360
40	continuo		420

1-4 MATERIALES MAGNÉTICOS.

Los elementos que componen los circuitos magnéticos de máquinas, aparatos e instrumentos, están en su mayoría sometidos a campos magnéticos periódicamente variables. Por lo tanto, es muy importante conocer el comportamiento de los materiales ferro-magnéticos en condiciones dinámicas.

El comportamiento de los materiales ferromagnéticos en campos periódicamente variables, difiere de su comportamiento en campos constantes o casi constantes. El campo magnético producido en el material ferromagnético, mediante corrientes periódicamente alternas, es también periódicamente alterna y por lo tanto se caracteriza por la frecuencia, amplitud y forma de onda.

El campo magnético periódicamente variable produce variaciones en el estado magnético del material. Esto puede ilustrarse mediante un ciclo cerrado, similar al de la histeresis, y se denomina "ciclo dinámico". El ciclo dinámico es más ancho que el ciclo normal debido a la generación de corriente de Foucault que es proporcional a la frecuencia. La superficie limitada por el ciclo dinámico, es proporcional a la energía que se convierte en calor. En campos variables esta energía que se convierte en calor tiene dos orígenes: 1) la histéresis y 2) las corrientes de Foucault. En consecuencia, las características de los materiales ferro-magnéticos en campos periódicamente variables, no depende solamente de las propiedades del material, sino también de la frecuencia de la corriente, de las dimensiones de la muestra y del espesor de las láminas parciales usadas para confeccionar la muestra. La figura 1-22 muestra tres diferentes características del mismo material, pero tomada en frecuencias diferentes.

Por esta razón, las normas que rigen el examen y comparación de materiales ferro-magnéticos entre sí, fijan los métodos de medición, las dimensiones y forma de la muestra.

La forma del ciclo dinámico depende de la amplitud de la inducción B. Cuando la corriente magnetizante es sinusoidal y también la inducción en el material ferromagnético es prácticamente sinusoidal.

$$B = B_{max} \, sen \, \omega \, t$$

El campo magnético se compone también de varias armónicas y en consecuencia los resultados de las mediciones están influenciados tanto por la forma de la onda de la corriente magnetizante, como por las armónicas que aparecen. Todo esto da lugar al aumento de las corrientes de Foucault y el ensanchamiento de la histéresis

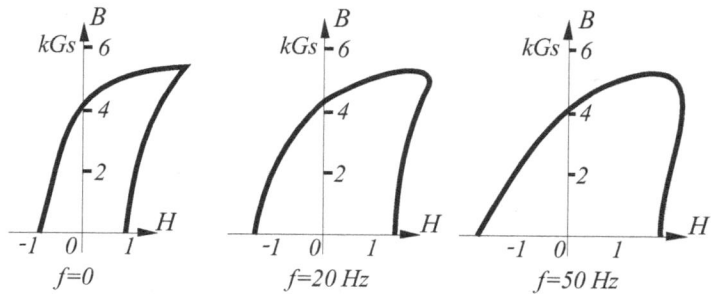

Fig. 1-22 Características magnética para diferentes frecuencias

El material ferromagnético sometido a un campo magnético periódicamente variable, consume una cantidad de energía perdida AP. La cantidad de energía perdida depende del tipo de material y de su volumen. El valor de AP es una de las más importantes características; influye en la elección de materiales para núcleos de transformadores, máquinas, etc. Las firmas proveedoras de materiales magnéticos informan normalmente a los interesados sobre las tres características principales B_{max}, μ y AP.

Comúnmente se acostumbra a representar estas características mediante gráficos funcionales.

1-4.1 Pérdidas por Histéresis

El material ferromagnético sometido al proceso de imantación y desimantación (histéresis), produce una cantidad de calor que es proporcional a la inducción máxima (B_{max}), a la frecuencia (f) y al coeficienteη de histéresis. La fórmula empírica de Steinmertz determina la cantidad de calor producida en 1 cm^3 de material:

$$= \eta + _{máx}$$

En tecnología se emplea la misma fórmula modificada:

$$= \frac{\eta \cdot f \cdot B_{áx}}{} \ 10^{-4} \ (\mu / Kg)$$

Donde ε es el peso específico del material ferromagnético yη es el coeficiente de histéresis.

1-4.2 Pérdidas por corrientes de Foucault

El material ferromagnético, además de las propiedades magnéticas, es también conductor eléctrico. En consecuencia, podemos considerar a un núcleo magnético como una cantidad infinita de conductores que forman espiras en corto circuito. En estos conductos se genera una fuerza electromotriz inducida debido al flujo magnético variable $e_x = \frac{d\phi}{dt}$. La fuerza electromotriz hace circular las corrientes en el núcleo y estas producen calor. Las pérdidas de energía por calentamiento debido a la corriente de Foucault en el material magnético, se puede calcular mediante la fórmula empírica de Steimertz:

$$= \quad máx$$

O también:

$$= \frac{máx}{}$$

Donde γ es el peso específico del material ferromagnético y ε es el coeficiente de corriente de Foucault que depende del material.

En la práctica las pérdidas se determinan en conjunto por la suma de las pérdidas producidas por histéresis y por corrientes de Foucault, o sea $AP_m = AP_n + AP_F$, estas pérdidas se expresan en Watt por 1 Kg de chapas magnéticas de determinado espesor.

El aparato más frecuentemente usado para mediciones de tipo industrial de pérdidas en materiales magnéticos es aparato de Epstein. Este aparato se puede considerar como un transformador cuyo núcleo está compuesto de tiras de la chapa magnética a examinar. Existen dos tipos de aparatos de Epstein; el aparato denominado de 50 cm y otro de 25 cm. Los aparatos de Epstein están normalizados y se los utiliza para la determinación de las pérdidas de energía en el hierro en frecuencia industrial y también para medir la permeabilidad del material magnético.

La figura 1-23 muestra el aspecto general del aparato de 50 cm.

Este aparato consiste en cuatro bobinas iguales bobinadas sobre tubos aislantes de sección cuadrada cuyas dimensiones están comprendidas entre 32 x 32 y 34 x 34 mm. El espesor del material aislante del tubo es de 2-3 mm. Estas cuatro bobinas forman los cuatro costados del circuito magnético (a, b, c, d, de la figura 1-23 b).

Cada una de las bobinas dos arrollamientos separados de 150 espiras cada uno y bobinados uniformemente sobre el carrete de 417 a 420 mm de longitud. Los arrollamientos magnetizantes (exteriores), igual que los de tensión (interiores) están conectados en serie, la resistencia total de las cuatro bobinas primarias conectadas en serie debe ser del orden 0,3 a 0,5 Ω y la del arrollamiento secundario de 4 bobinas de tensión conectadas en serie de 1 a 1,5 Ω.

Las muestras de chapa magnética examinada en este aparato se compone de tiras de 50± 1 mm de longitud y de 30± 5 mm de ancho cuya masa es de 10 Kg aproximadamente. Los paquetes de tiras cortados en el mismo sentido, se colocan en los carretes opuestos del aparato, de manera que los cuatro paquetes están a tope, uno con otro. Los extremos de contacto se separan mediante tiras de prespan de 0,1 mm de espesor. Luego se los aprieta con los dispositivos previstos en el aparato.

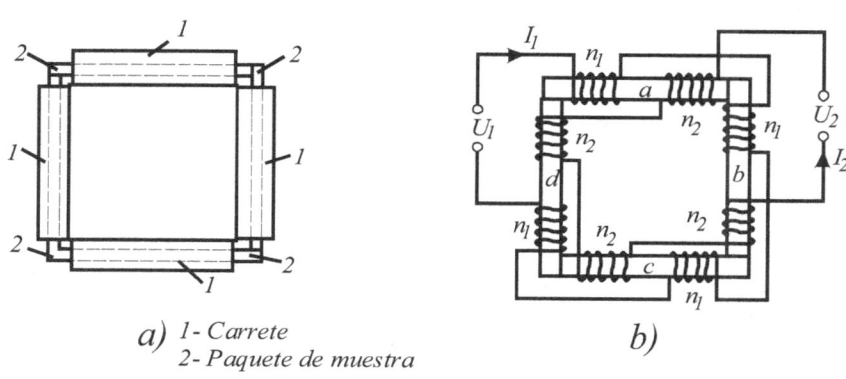

a) 1- Carrete
   2- Paquete de muestra
b)

Fig. 1-23 Aparato de Epstein
a) Aspecto general
b) circuito magnético

La construcción del aparato de Epstein de 25 cm es la misma que el de 50 cm. Está compuesto de cuatro bobinas iguales bobinadas sobre carretes de material aislante de sección rectangular de 1,6± 0,6 mm x 19,0 ± 0,3 mm. El espesor del material aislante de los carretes no debe ser mayor de 1,6 mm. Los carretes tienen dos arrollamientos de 175 espiras cada uno y están bobinados sobre una longitud de 191± 1 mm. El arrollamiento interior, que es el secundario, debe ser confeccionado en una capa y su resistencia no debe ser mayor que 25 Ω.

El arrollamiento exterior que es el primario, o sea magnetizante, debe tener una resistencia no mayor de 0,75 Ω, y por lo tanto, siendo confeccionado de un alambre de mayor sección que el interior ocupa tres capas. La muestra de chapa magnética examinada se compone de 4 paquetes de tiras de 280 ± 1 mm de longitud y de 30± 0,2 mm de ancho y su masa total es de 2 Kg aproximadamente. El núcleo compuesto de 4 paquetes de tiras, se arma, no al contacto como los aparatos de Epstein de 50 cm, sino entrelazado, apretando en las esquinas con los dispositivos correspondientes.

1-4.3 Determinación de pérdidas en materiales para núcleos

El aparato de Epstein se puede considerar como un transformador cuyo núcleo está compuesto de tiras de la chapa magnética a examinar. El arrollamiento primario tiene la finalidad de magnetizar el núcleo mediante corriente alterna de determinada frecuencia mientras que el secundario genera la fuerza electromotriz que determina la inducción en el núcleo.

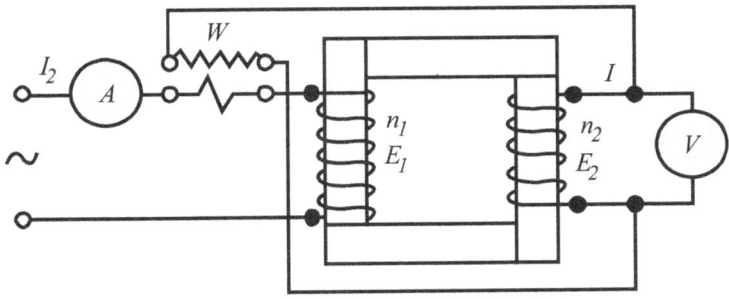

Fig. 1-24 Circuito para la medición de pérdidas en núcleos magnéticos

Para medir las pérdidas conectamos la bobina de intensidad del Watímetro con el arrollamiento primario en serie y la bobina de tensión del Watímetro y el voltímetro con el arrollamiento secundario en paralelo, figura 1-24. La potencia que mide el voltímetro es:

$$Pvat = I_1 \, U_2 \, cos(I_1 \, U_2) = I, \, U_2 \, cos \, \varphi' \; (w)$$

I_1 : es la corriente del arrollamiento primario.

I_2 : es la tensión entre los extremos del arrollamiento secundario.

x': es el ángulo de desfasaje entre I_1 y U_2

La figura 1-25 muestra un diagrama vectorial simplificado del transformador formado por el aparato. Se omitirán las inductancias de dispersión por ser estas de valor despreciable. Se acepta que el flujo magnético es sinusoidal. Debido a que el número de espiras del primario y del secundario es igual ($n = n_2$), el valor instantáneo de la corriente magnetizante es:

$$\cdot + i_2 =$$

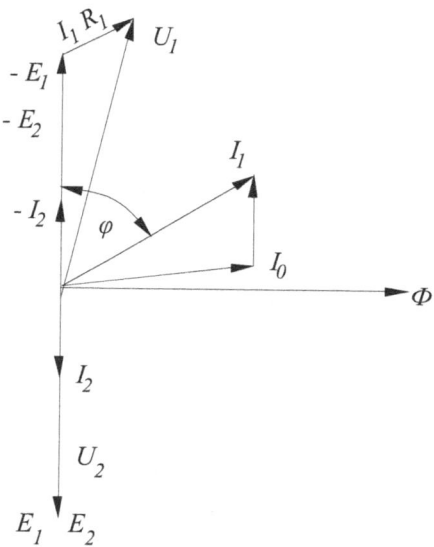

Fig. 1-25 Circuito magnético simplificado

donde i_1 e i_2, significan los valores instantáneos de las corrientes en los arrollamientos primario y secundario respectivamente. La potencia instantánea es:

$$\cdot = - e_2 (l_1 + l_2)$$

La corriente l_2 está prácticamente en fase con e_2 y con U_2 por ser la carga resistiva producida por la gran resistencia que representan los instrumentos de medición (voltímetro y bobina de tensión del watímetro). Por lo tanto:

$$l_2 = \frac{U_2}{R} \quad y \quad e_2 = U_2 + l_2 R_2$$

Donde R es la resistencia del instrumento.

R_2 es la resistencia del devanado secundario.

Partiendo de valores instantáneos e integrando obtenemos:

$$= \quad -\!\!- \Big)\Big(1 - \!\!-\Big)$$

$$P = \quad -\!\!-$$

Por ser $-\!\!-$ de valor reducido lo despreciamos y finalmente

$$P = P_{wat} - \frac{U_2^2}{R}$$

Por medio de estas fórmulas se obtiene el valor total de pérdidas reales que consume la muestra. Para caracterizar y valorizar el material magnético es de interés conocer las pérdidas específicas o sea la cantidad de unidades de potencia perdidas para una unidad de masa. En cálculos tecnológicos de producción de transformadores, motores y otros elementos eléctricos compuestos de circuitos magnéticos se suele representar las pérdidas de la siguiente forma:

$$-\!\!- = AP \text{ en W/kg}$$

Estas son las unidades que aparecen en las curvas características en los catálogos de firmas proveedoras de materiales magnéticos para núcleos.

Como es sabido las pérdidas en el hierro se producen por dos motivos: histéresis y corrientes de Foucault. A veces es importante saber en que proporción intervienen cada uno de los dos motivos específicos para lo cual aplicamos el siguiente procedimiento.

Las pérdidas por histéresis son proporcionales a la frecuencia de la corriente que circula por el arrollamiento magnetizante:$P_n = c_1 f$, mientras que las pérdidas producidas por la corriente de Foucault son proporcionales al cuadrado de la frecuencia;$P_F = c_1 f^2$. En ambas fórmulas c_1 y c_2 representan cocientes de proporcionalidad. Las pérdidas totales en el hierro serán $P_t = P_n + P_F = c_1 f + c_2 f^2$.

Dividiendo ambos lados de la ecuación por f tenemos:

$$— = c_1 +$$

Mediante esta ecuación determinamos las pérdidas en la muestra con dos frecuencias f_1 y f_2, una es a la que va a trabajar el material.

Para cada frecuencia las pérdidas son:

$$= \quad +$$

$$= \quad +$$

$$— = c_1 + \qquad y \qquad — = c_1 +$$

Resolviendo las ecuaciones y suponiendo que $f = 2\, f_1$ tenemos:

Pérdidas por histéresis $P_h = c_1 f_1 = 4P_{t2} - P_{t1}$

Pérdidas por corriente de Foucault $P_F = 2\, P_{t1} - 4\, P_{t2}$

También puede utilizarse un método gráfico. En ordenadas se representan los valores medidos de P_t/f para diferentes frecuencias y en abcisas el valor de las frecuencias respectivas, figura 1-26.

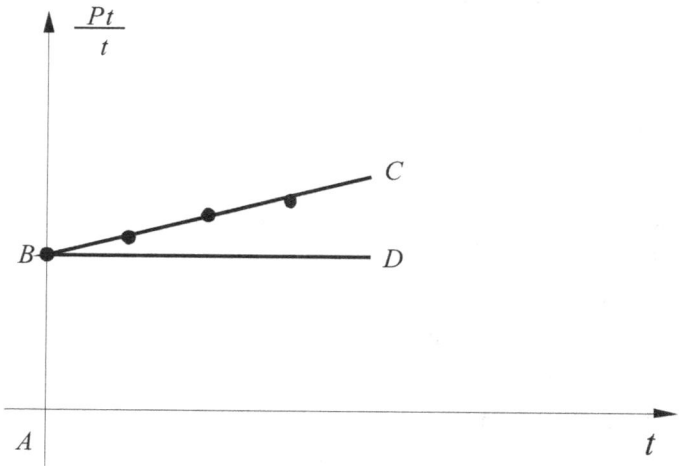

Fig. 1-26 medio gráfico para la separación de

pérdidas

La representación gráfica es una recta y la ordenada al origen $\overline{AB} = c_1$ y la pendiente

$—= c_2$, entonces queda $P_n = c_1\, f$ y $P_F = c_2\, f^2$

1-4.4 Determinación de pérdidas empleando el aparato de Epstein.

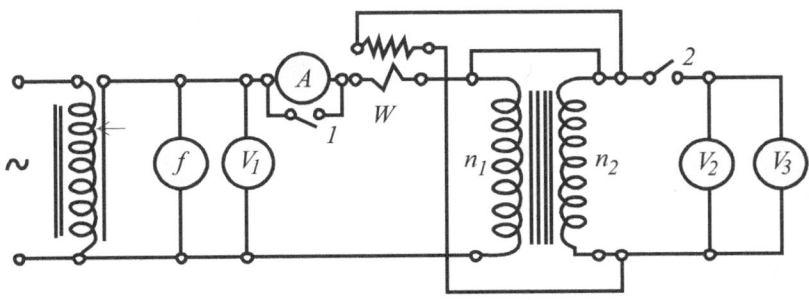

Fig. 1-27 Montaje para la medición de pérdida con el aparato de Epstein.

La figura 1-27 muestra el esquema de conexiones y los instrumentos para esta determinación. Como fuente de alimentación se recomienda emplear un alternador de 1,3 KW de potencia como mínimo y de tensión 230 V aproximadamente. La frecuencia debe ser de 50 Hz o 60 Hz según lo requerido en cada caso.

Es conveniente poder obtener del mismo alternador la mitad de la frecuencia o sea 25 o 30 Hz respectivamente, lo que facilita la separación de pérdidas por histéresis y por corriente de Foucault. La regulación de la tensión de alimentación se debe efectuar mediante la variación de la corriente de excitación del alterador o también empleando un auto transformador de relación variable (*Variac*). En caso de no disponer de un alternador especial, se puede emplear la tensión de red. En tal caso se debe prestar una atención especial al valor de la frecuencia para efectuar las correcciones correspondientes en los cálculos. Para comprobar que la forma de onda de la corriente de alimentación es correcta empleamos el llamado factor de forma K_1. En caso satisfactorio $K_1 = 1,11 \pm 1\%$. Este valor se comprueba por la selección de las lecturas acusadas por los voltímetros V_2 y V_3. El voltímetro V_2 nos acusa el valor eficaz de la tensión y el voltímetro V_3 el valor medio.

$= —$

Una vez fijado el valor de la inducción magnética (B) se calcula el valor eficaz de la fuerza electromotriz inducida (E) en el arrollamiento de tensión del aparato utilizando la fórmula clásica.

$$= 4,44 \; \emptyset$$

Sustituyendo $\emptyset$ por B.S. esta sección de muestra se la articula con la masa:

$$= \frac{}{4 \; \ell . \gamma}$$

Donde:

m = masa de la muestra en kg.

γ = densidad del material de la muestra en kg/m^3.

ℓ = longitud de un paquete.

Obtendremos:

$$= \frac{4,44 \; . B . m . n}{4 \; . \ell . \gamma}$$

Donde:

B : es la inducción magnética máxima prefija en Tesla.

m: es la masa total de la muestra en kg.

n: es el número de espiras del secundario.

ℓ: es la longitud de un paquete en metros.

2: es la densidad de la muestra en kg/m^3.

Los cuatro paquetes de tiras que componen la muestra se colocan en los carretes del de tal manera que los paquetes de tiras cortadas en el mismo sentido se encuentran en carretes opuestos. Se conecta la tensión de alimentación al arrollamiento primario ajustándose los extremos de los paquetes en las esquinas hasta obtener la corriente magnetizante de valor mínimo. Se aprietan los paquetes en las esquinas con las prensas que tiene el aparato. Luego se cortocircuita el amperímetro mediante la llave 1 figura 1-27, y con la frecuencia prevista para la prueba, se regula la tensión de entrada hasta obtener en el circuito secundario la fuerza electromotriz de valor previamente calculado. Desconectando los voltímetros V_2 y V_3 median la llave2 se mantiene la tensión de entrada sobre el voltímetro V_1 hasta efectuar la lectura del voltímetro. La potencia consumida por la muestra es la potencia acusada por el voltímetro menos la pérdida de potencia en el circuito secundario del aparato.

$$= \quad - \; —$$

Donde:

Pm: es la potencia acusada por el voltímetro.

E: es la fuerza electromotriz en el circuito secundario.

R: es la resistencia de carga del circuito secundario formado por la resistencia de la bobina de tensión del voltímetro.

Las pérdidas específicas AP correspondientes a la frecuencia f e inducción magnética B son:

$$= \frac{p}{m} \; (W/kg)$$

Donde m es la masa de la muestra en kg.

CAPITULO II.
AISLADORES.

2-1 GENERALIDADES.

La misión fundamental del aislador es evitar el paso de la corriente al apoyo. Este paso de corriente puede producirse por cualquiera de las causas que se citan a continuación:

a. Por conductividad de masa, es decir, a través de la masa del aislador, como corriente de fuga (figura 2-1 a). Con los materiales actualmente empleados en la fabricación de aisladores, la corriente de fuga resulta despreciable y no se tiene en cuenta.

b. Por conductividad superficial, o sea contorneando la parte exterior del aislador por aumento de su conductividad, debido a la formación de una capa de humedad, de polvo o de sales depositadas sobre la superficie del aislador (figura 2-1 b).

c. Por perforación de la masa del aislador (figura 2-1 c). Esta circunstancia tiene poca importancia en los instaladores para baja tensión, ya que el material constituyente del aislador resulta suficiente para evitar la perforación. Pero en altas tensiones, el peligro es mucho mayor, sobre todo en aisladores de gran espesor, pues en este caso, es muy difícil fabricarlos de forma que conserven sus propiedades dieléctricas en toda la masa. Un fallo de estas propiedades en algún punto del interior del aislador puede provocar la perforación.

d. Por descarga disruptiva a través del aire, formándose un arco entre el conductor y el soporte a través del aire, cuya rigidez dieléctrica no basta para evitar la descarga (figura 2-1 d). En ciertas ocasiones, la rigidez dieléctrica del aire disminuye como sucede con la lluvia, porque los filetes de agua de lluvia que se desprenden de la superficie del aislador toman el potencial del conductor y se encuentran a menos distancia que aquel.

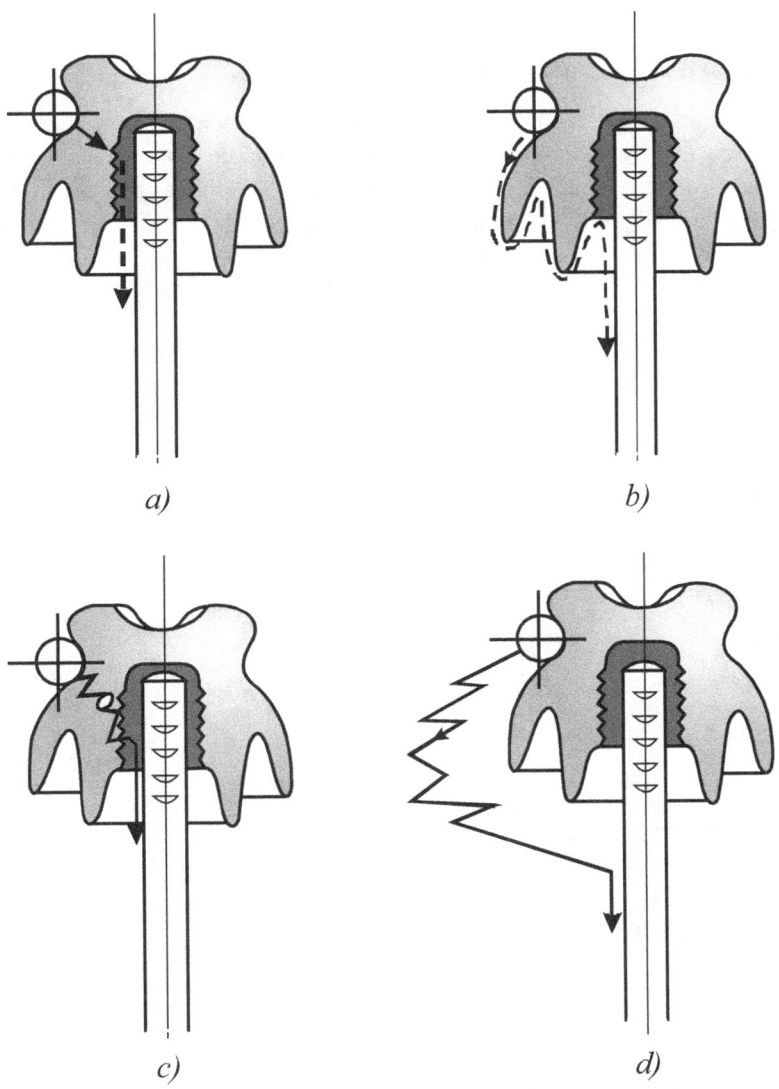

Fig. 2-1 Paso de corriente en un aislador

    a) Por conductividad de masa

    b) Por conductividad superficial

    c) Por perforación de la masa del aislador

    d) Por descarga disruptiva a través del aire

2-2 Características que definen un aislador.

De acuerdo a las condiciones generales que deben cumplirse, expresadas por la Comisión Electrotécnica Internacional y los organismos de normalización de los diversos países, se han establecido unas características mínimas para los aislantes de líneas aéreas; hasta no hace mucho tiempo, se distinguían los aisladores por la tensión de servicio a que estaban destinados, pero, actualmente se estima que esta tensión no caracteriza a un aislador, ya que lo mas conveniente, en cada caso, depende de las condiciones del aislador.

Mediante los correspondientes ensayos, se han de estipular y comprobar las siguientes características:

a) Línea de fuga.

b) Distancia disruptiva.

c) Tensión de corona.

d) Tensión disruptiva en seco, a la frecuencia industrial.

e) Tensión disruptiva bajo lluvia, a la frecuencia industrial.

f) Tensión disruptiva con onda de frente recto.

g) Tensión de perforación.

h) Carga de rotura mecánica (tracción, compresión, flexión, tensión).

i) Carga de rotura combinada electromecánica.

j) Peso unitario.

k) Forma y medidas, según plano acotado.

A continuación definimos los conceptos expresados:

Línea de fuga: Es la distancia entre las fuerzas conductoras de las que está provisto el aislador, en las condiciones que se establecen para el ensayo de tensión disruptiva, medida sobre la superficie del aislador (figura 2-2).

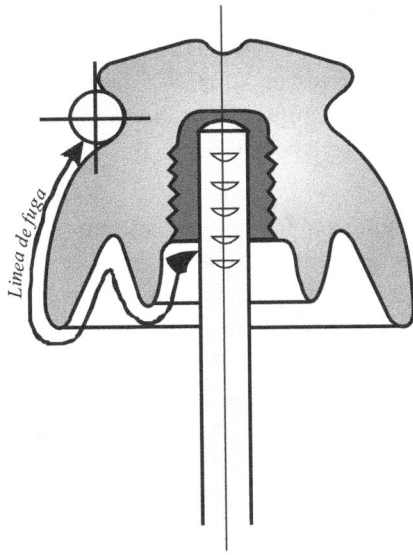

Fig. 2-2 Línea de fuga de un aislador

Distancia disruptiva. Es la distancia en el aire, entre las piezas de las que está provisto el aislador, en las condiciones establecidas para los ensayos de tensión disruptiva (figura 2-3). También se denomina distancia de contorneamiento.

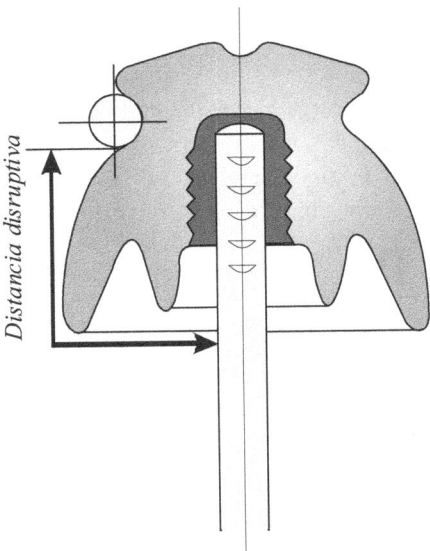

Fig. 2-3 Distancia disruptiva de un

aislador

Tensión de corona. Es el valor eficaz de la tensión expresada en kilovolt, el que deja de ser visible, en la oscuridad, toda manifestación lumínica en cualquier punto del aislador causada por la ionización del aire (efecto corona).

Tensión disruptiva. Se denomina también tensión de contorneamiento y es el valor eficaz de la tensión expresado en kilovolt en que se produce la descarga disruptiva o de contorneamiento en el aislador. La descarga disruptiva se produce a través del aire bajo aspecto de una chispa o arco, o de un conjunto de chispas o arcos, que establecen conexión eléctrica entre las piezas metálicas del aislador, sometidas normalmente a la tensión de servicio. Para la determinación de la tensión disruptiva en seco, a la frecuencia nominal, se somete al aislador a un ensayo en atmósfera seca, a una frecuencia de 50 Hz; para la determinación de la tensión disruptiva bajo lluvia, el ensayo se realiza también con una frecuencia de 50 Hz, pero sometiendo al aislador a los efectos de una lluvia artificial.

La tensión disruptiva, con onda de sobretensión de frente recto o escarpado: es el valor de cresta de la tensión, expresado en kilovolt, en que se produce la descarga disruptiva. Para los ensayos se utilizan frentes de onda de choque de frente escarpado de 1,2 /50 µs.

Tensión de perforación. Es el valor eficaz de la tensión expresado en kilovolt, en la que tiene lugar la perforación del aislante, es decir, la destrucción localizada de este material, producida por una descarga que atraviesa el cuerpo del aislador; de acuerdo con esto, el desprendimiento de un fragmento del borde de un aislador por efecto del calor de un arco de contorneamiento, no debe considerarse como perforación.

Carga de rotura mecánica. Es la carga expresada en kilogramos a la que tiene lugar la rotura del aislador, o de un herraje, en las condiciones establecidas en el ensayo. Estas condiciones varían según sea el tipo de aislador, ya que cada tipo está sometido a diferentes clases de esfuerzos; veamos cuales son estos esfuerzos para los tipos de aisladores más empleados.

a. Aislador de apoyo. Tracción aplicada a la altura de la ranura del cuello del aislador.

b. Aislador de suspensión. Tracción en dirección del eje aplicada en los puntos de conexión de los herrajes.

c. Aislador de polea. Tracción transversal normal al eje, aplicada en la ranura externa de la polea.

d. Aislador de vientos. Tracción longitudinal en dirección del eje principal.

Carga de rotura combinada electromecánica. Es la carga expresada en kilogramos, a la que el aislador deja de cumplir su cometido, eléctrico o mecánico, cuando está sometido, simultáneamente a un esfuerzo mecánico y a una tensión eléctrica, a la frecuencia nominal, e igual al 90% de la tensión disruptiva en seco que hemos definido anteriormente.

2-3 Ensayos de recepción de los aisladores.

El ensayo de recepción es la última e importante operación que deben soportar los aisladores antes de su aceptación definitiva y de iniciar su vida útil en la línea. Esta operación puede ser llamada prueba de habilitación del aislador. Ejemplo:

Los ensayos de recepción se dividen en dos tipos:

1. Ensayo de lote.

2. Ensayo de tipo.

Los ensayos de lote son pruebas de selección y se realizan sobre todos los aisladores, mientras los ensayos de tipo o de fabricación se realizan sólo sobre un porcentual de aisladores, seleccionados por muestreo y tienen el objeto de comprobar si los aisladores responden a los requisitos garantizados por el fabricante.

2-4 EQUIPAMIENTO DEL LABORATORIO DE ENSAYOS.

Las normas establecen que el fabricante debe estar en condiciones de realizar todos los ensayos incluidos los de tensión de impulso y aquellos destinados a verificar la tensión crítica de aislantes compuestos de numerosos elementos. Estos últimos pueden ser realizados en un laboratorio acordado entre las partes.

En general todas las fábricas cuentan con una sala de ensayo para tensiones del orden de 500 KV, a frecuencia industrial y en estos últimos años han implementado también las instalaciones de ensayo para pruebas con tensión de impulso.

El equipamiento completo para los ensayos de recepción está compuesto por un transformador, un regulador de tensión, un cuadro de maniobra con voltímetro y amperímetro y de un interruptor automático.

La figura 2-4 muestra la planta de ensayos para las pruebas de selección y de un tipo de tensión próximo a los 400 kV a frecuencia industrial.

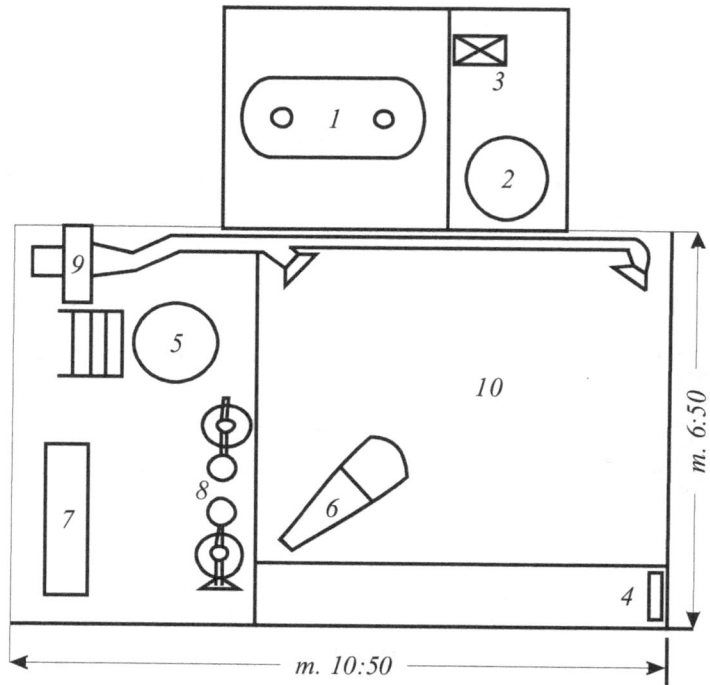

Fig. 2-4 Sala de ensayos a frecuencia industrial para tensiones hasta 400 kV

La instalación consiste en:

1. Transformador.

2. Regulador de tensión.

3. Interruptor automático.

4. Cuadro de maniobra.

5. Sección para la perforación en aceite.

6. Aparato para la lluvia artificial.

7. Máquina para los ensayos mecánicos y electromecánicos.

8. Espinterómetro a esferas.

9. Aspirador de ozono.

10. Espacio para los aisladores en ensayo.

De los equipos mencionados, resulta de interés particular describir con algunos detalles el aparato para la lluvia artificial.

2-3.1 Aparato para producir lluvia artificial.

Las características esenciales que se deben normalizar para la realización de una instalación para producir lluvia artificial que reproduzca las condiciones convencionales contenidas en las normas IEC, son las siguientes:

- Características de los pulverizadores o proyectores.

- Disposición de los pulverizadores.

- Características de la lluvia obtenida.

- Presión de funcionamiento.

En los instaladores se utilizan pulverizadores capilares cuyas características dimensionales se muestran en la figura 2-5.

El sistema particular de montaje que permite orientar los proyectores ya sea en el sentido vertical o el horizontal se muestra en la figura 2-6.

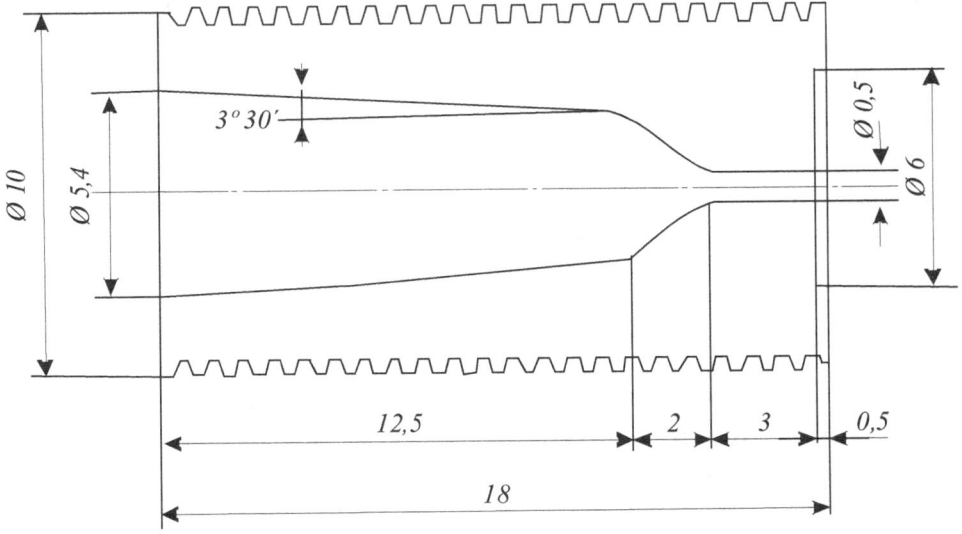

Fig. 2-5 Características dimensionales de un pulverizador según la norma ASE

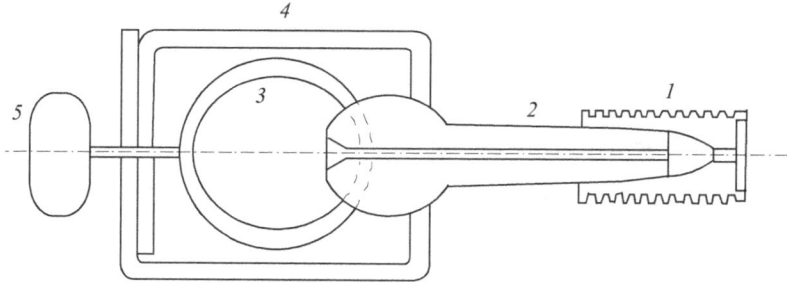

Fig. 2-6 Particularidad del montaje de un proyector. 1- Pulverizador. 2- Inyector. 3-
Tubo aductor. 4- Carcaza de Soporte. 5- Manopla de fijación.

Para la construcción de la parte del equipo que está en contacto con el agua, se prevee el
uso de acero inoxidable.

Los pulverizadores tienen la finalidad de lograr pequeñas gotas de agua concentradas en
filetes que a lo largo de la trayectoria se transforman en gotas.

El valor de la presión del agua suministrada a los pulverizadores debe estar comprendida
entre 1 y 2 Bar. En estas condiciones el objeto en prueba debe ser colocado a una distancia
comprendida entre 4 y 6 μn.

Los pulverizadores deben ser montados en filas de 10 elementos, dispuestos
horizontalmente sobre un tubo colector vertical, observando que entre los pulverizadores
exista una distancia de 5 cm, mientras que los diversos planos deben ser colocados a 45
cm.

En la figura 2-7 se puede observar el particular montaje de uno de los planos, mientras que
en la figura 2-8, muestra la forma que asume una instalación completa.

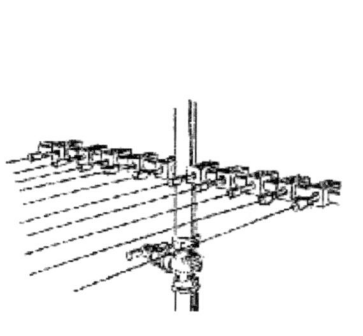

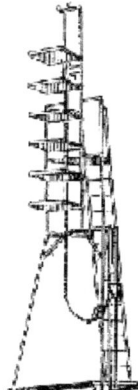

Fig. 2-8 Forma externa de
una instalación para producir
lluvia artificial

Fig. 2-7 Montaje de un plano
de pulverizadores

Delante de cada plano viene dispuesto un blindaje electrostático de 0,6 metros de largo que tiene la función de evitar la acción de los campos eléctricos intenso en el sentido de provocar la difusión de las gotas, inmediatamente después de salidas de los proyectores.

Cuando el objeto en prueba tiene una cierta longitud, es necesario preveer que la repartición de la lluvia sobre esa longitud sea uniforma. La condición que se verifica mediante las mediciones respectivas, se logra utilizando en forma adecuada los pulverizadores. Colocados sobre varios planos como indica esquemáticamente la figura 2-9

Los pulverizadores que no se utilizan pueden ser cerrados mediante tapones a presión.

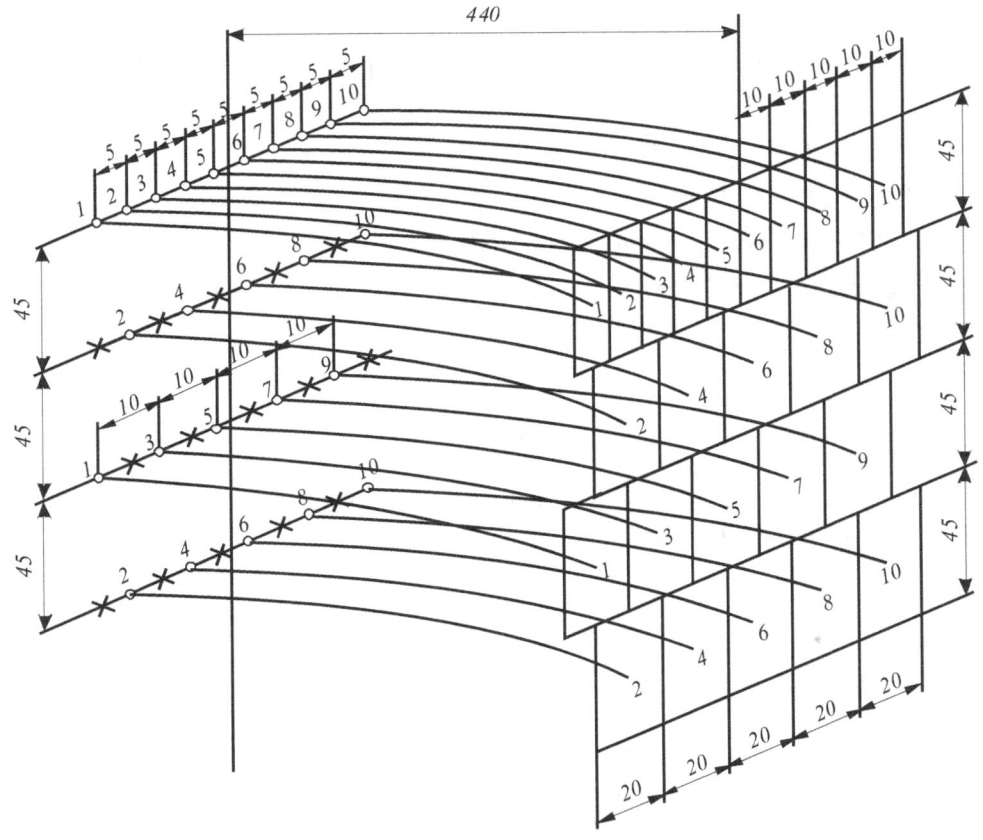

Fig. 2-9 Disposición esquemática de los pulverizadores para obtener una distribución uniforme de la lluvia

Puesta a punto del equipo.

Para la puesta a punto del equipo se procede de la siguiente manera:

1. Pre-ordenar los proyectores necesarios para obtener una proyección de la lluvia sobre el objeto en prueba en base a la longitud del mismo.

2. Regular las gotas de modo que sea uniformemente distribuida la lluvia sobre la sección de prueba.

3. Verificar que todos los pulverizadores proyecten una salida de agua uniforme, sustituyendo los que presenten un funcionamiento deteriorado.

4. Regular la presión del agua de modo tal obtener un ángulo de inclinación de 15 sobre el objeto en prueba.

5. Medición de la cantidad de agua que baña el objeto en prueba modificando la concentración de los proyectores mediante la orientación de los pulverizadores.

6. Colocar los blindajes, en caso que no hayan sido montados.

7. Regular la altura de la instalación.

8. Verificar que todo el conjunto sea conectado a tierra.

9. La prueba debe iniciarse después que la instalación, puesta a punto haya funcionado por lo menos 5 minutos.

2-4 CONDICIONES ATMOSFÉRICAS NORMALIZADAS.

Las normas IEC establecen las condiciones atmosféricas normalizadas para los ensayos de los materiales aislantes exteriores. Estas condiciones son:

Temperatura: $t_0 = 20$ °C

Presión atmosférica: $b_0 = 101,3 \ldots\ldots\ldots\ldots$

Humedad: $h_0 = 11$ g/m^3.

Los valores normalizados de tensiones de aislación de los aislantes están referidos a condiciones atmosféricas normalizadas. Cuando las mediciones se efectúan bajo condiciones no normalizadas, los valores de tensión resultantes deben ser referidos a condiciones atmosféricas normalizadas usando la siguiente expresión:

$$= -\ \cdot \frac{273 +}{273 + t} = 2{,}892\ \frac{}{273 + t}$$

$$K = 1 + 0{,}002\ \left(\frac{h}{} -\ 8{,}5\right)$$

Donde:

Vn = valor de tensión en condiciones normalizadas (kV).

Vm = valor de tensión medida en condiciones no normalizadas.

b = presión atmosférica (k Pa).

t = temperatura ambiente (°C).

δ = factor de corrección por densidad del aire.

K = factor de corrección por humedad.

h = humedad absoluta (g/m^3).

2-5 CLASIFICACIÓN DE LOS ENSAYOS.

Los ensayos del primero y segundo grupo (ensayos de tipo y de verificación de fabricación) tiene la finalidad de verificar las características de tipo del aislador en prueba y que tenga las dimensiones y las características físicas respectivas.

Los ensayos del tercer grupo (ensayo de selección) tiene el objeto de eliminar las piezas defectuosas de la partida.

2-5.1 Ensayo de tipo.

Los ensayos de tipo son los siguientes:

a. Ensayo de descarga 50% a impulso en seco.

b. Ensayo de tensión de un minuto a frecuencia industrial, y determinación de la tensión crítica en seco.

c. Ensayo de tensión de un minuto a frecuencia industrial y determinación de la tensión crítica bajo lluvia.

El ensayo c. es sólo para aisladores externos.

2-5.2 Ensayos de verificación de fabricación.

Son los siguientes:

a. Verificación de las dimensiones y del peso.

b. Ensayo de resistencia a la variación rápida de la temperatura.

c. Ensayos mecánicos y electromecánicos.

d. Ensayo de perforación en aceite.

e. Ensayo de porosidad.

f. Ensayo de zincado.

Los ensayos a y b se deben efectuar sobre todas las muestras seleccionadas. El ensayo c se realiza sobre la mitad de las piezas seleccionadas para el ensayo.

El f se debe hacer sobre el montaje de acero zincado de todas las muestras elegidas.

2-5.3 Ensayos de selección.

a) Selección ocular preliminar.

b) Selección eléctrica preliminar a frecuencia industrial.

c) Selección eléctrica preliminar de alta frecuencia.

d) Selección mecánica a la tracción.

e) Selección eléctrica definitiva a frecuencia industrial.

f) Selección ocular definitiva.

Los ensayos c y d se aplican solo a los aisladores de suspensión en cadenas.

Si en alguno de los ensayos el porcentaje de rechazo supera el 3% y si en el complementario de los ensayos b, c, d y e supera el 6%, el lote se considera que no cumple con la norma.

2-6 ENSAYO DE RESISTENCIA A LA VARIACIÓN RÁPIDA DE LA TEMPERATURA.

Los aisladores son sumergidos alternadamente en agua caliente y fría. Los aisladores de columna y de tipo rígido a perno con más de una parte cementada deben poder soportar 10 ciclos, (20 inmersiones) sin dañarse con saltos de temperatura de 60C y aquellos de línea en una sola pieza, rígidos y de suspensión deben soportar sin dañarse 25 ciclos (50 inmersiones) con salto de temperatura de 70°C.

La duración de cada inmersión viene dada por la siguiente fórmula:

$$= \delta + 0,155$$

T = tiempo en minutos.

= espesor de la parcela en mm.

Una vez que los aisladores son extraídos del baño son golpeados con un martillo de madera para comprobar su integridad.

Después de los ciclos térmicos, los aisladores son sometidos a un ensayo eléctrico para asegurar su buen estado.

Las normas de los diferentes países establecen condiciones particulares para el ensayo de ciclos térmicos, de manera que lo expuesto es simplemente orientativo.

2-7 ENSAYO DE ARCO EN SECO Y BAJO LLUVIA.

En este caso, los aisladores de tipo rígido se montan sobre un soporte metálico puesto a tierra y sobre la garganta se aplica la tensión. Las de tipo de suspensión, se colocan suspendidos por la caperuza de una barra metálica conectada a tierra. La tensión se aplica al vástago por medio de una barra conductora de longitud adecuada y a través del morceto correspondiente (figura 2-10).

El ensayo se realiza de la siguiente manera:

Se aplica una tensión aproximada a la mitad de la tensión de prueba prescripta Vp y se aumenta uniformemente de manera de alcanzar en un tiempo no menor de 10 segundos la tensión resistida Vp. Esta tensión es mantenida durante un minuto y luego se aumenta hasta alcanzar la descarga superficial. El ensayo se repite 5 veces y se registran los valores de tensión. El valor mínimo de tales valores se considera tensión crítica. Si algún valor por causas accidentales se aparta mucho de la media, no se tiene en cuenta. El valor mínimo de las cinco mediciones efectuadas no debe ser inferior a 1,10 Vp y el valor medio 1,15 Vp.

Para el ensayo de arco bajo lluvia se procede de la misma forma y se proyecta una lluvia artificial sobre el aislador de una intensidad de 3 mm por minuto y con la inclinación de 45 grados sobre la vertical. Y a una temperatura que no debe ser inferior de 10°C de la temperatura ambiente en las proximidades del aislador. La resistividad del agua debe estar comprendida en 9000 y 11000Ω/cm es decir una conductividad de 90 a 110μS/cm.

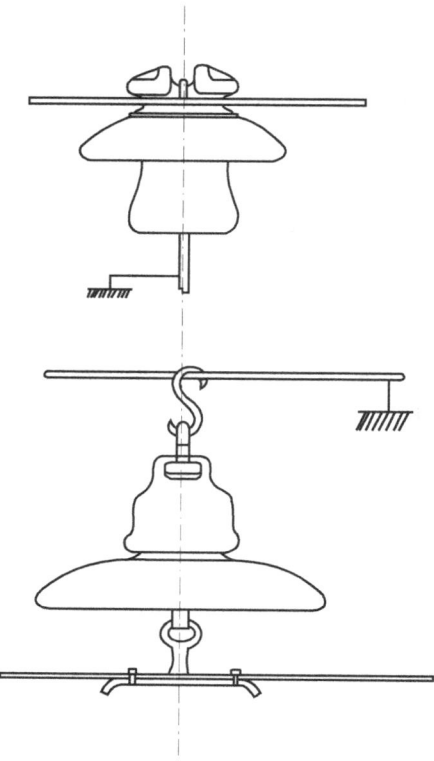

Fig. 2-10 Montaje de los aisladores para ensayos eléctricos de arco

Si las mediciones se realizan en condiciones atmosféricas diferentes a la normalizada, los resultados deben ser corregidos para referirlos a condiciones normalizadas.

Para la verificación de la tensión crítica se debe colocar en serie una resistencia no inductiva de valor suficiente para impedir las descargas oscilatorias que alterarían la misma, de manera de no provocar ondas de tensión sensibles con la corriente de capacidad.

2-8 ENSAYOS MECÁNICOS.

Los ensayos mecánicos se realizan en los aisladores rígidos y de columna. Para los aisladores rígidos se efectúan los ensayos de flexión y de tracción. Para estos ensayos el aislador es montado sobre un perno fijado a la máquina adaptada a tal efecto. En torno a la garganta se coloca una moldura metálica que rodea la garganta del aislador y se apoya con la barra metálica a la máquina y por medios mecánicos o hidráulicos se transmite el esfuerzo de carga hasta la rotura. Por medio de un instrumento se registra el valor del esfuerzo el cual no debe ser inferior al valor prescripto, figura 2-11.

Fig. 2-11 Ensayo de flexión en aisladores rígidos

Para el ensayo de tracción se utiliza la misma máquina. El aislador es soportado en la garganta por medio de cuatro ganchos con los que se ejerce el esfuerzo de tracción mientras que el perno es fijado a la máquina. Figura 2-12.

Fig. 2-12 Ensayo de tracción en aisladores

rígidos.

Para los aisladores de columna, tres son los ensayos que deben realizarse. Para los ensayos de tracción y de flexión se procede de la misma forma que el caso precedente. Figura 2-13.

Fig. 2-13 Ensayo de flexión en aisladores columna.

Para el ensayo de torsión, el aislador es montado sobre una base y fijado sobre la misma mediante bulones en la parte inferior, mientras que sobre la cabeza se fija mediante bulones una barra rígida metálica y a sus extremos se aplica el esfuerzo por medio de un asta comandada por una cremallera y una reducción de engranajes. Para evitar una flexión contemporánea el aislador es fijado a un punto rígido por medio de un sistema de tirantes, en la parte superior. Figura 2-14.

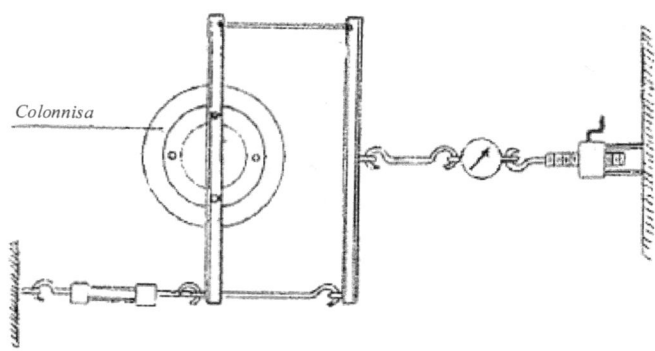

Fig. 2-14. Ensayo de torsión en aisladores

columnas

Entre el comando y el aislador se coloca un dinamómetro que registrar la carga en kg. En todos estos ensayos deben registrarse en kilogrametros, es decir se debe multiplicar la carga por brazo de palanca.

2-9 ENSAYOS ELECTROMECÁNICOS.

Sobre los aisladores de suspensión se efectúa un ensayo combinado eléctrico y mecánico.

El aislador en ensayo viene colocado en una máquina, que puede ser vertical u horizontal. En general se utiliza la misma máquina vista precedentemente. La máquina está conectada a tierra y el aislador es sometido a un esfuerzo de tracción axial igual a la mitad de la carga crítica prescripta.

Por un tiempo de tres minutos y simultáneamente se aplica a la caperuza una tensión eléctrica del 70 al 90% de la tensión de ensayo de un minuto prescripto, tomando la precaución de aislar esta parte del aislador de la máquina puesta a tierra con un sistema aislante. Figura 2-15.

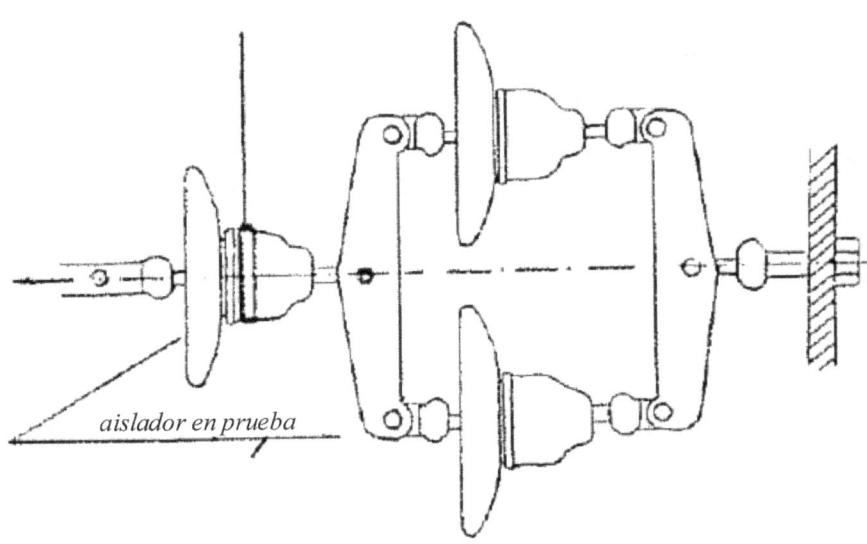

aislador en prueba

Fig. 2-15 Disposición para el ensayo electromecánico de un aislador de suspensión.

El sistema de aislamiento representado en la figura 2-15 tiene la ventaja de distribuir el esfuerzo sobre dos aisladores a los cuales está conectado el aislador en prueba, de manera que puede soportar un número elevado de pruebas sin dañarse.

El esfuerzo de tracción es aumentado a razón de 100 kg al segundo, manteniendo constante la tensión, hasta la rotura mecánica o eléctrica, es decir hasta que el aislador deja de cumplir su función eléctrica o mecánica. Se registra el valor de la carga de perforación del aislador y el de rotura completa.

Estos valores no deben resultar inferiores a los prescriptos.

2-10 ENSAYO DE PERFORACIÓN EN ACEITE.

Se aplica a todo tipo de aisladores, excepto a aquellos de composición maciza. Con este propósito el aislador en ensayo es sumergido en un recipiente lleno de aceite. El recipiente aislado a tierra puede ser todo metálico, debe tener un diámetro muy grande y la menor distancia entre la pared y el borde del aislador debe ser 1.5 veces el diámetro de la campana más grande del aislador. También el fondo metálico y las paredes pueden ser de material aislante.

El aislador es sostenido por medio de un hilo metálico y apoyado sobre el fondo del recipiente.

Sobre el fondo metálico y sobre la garganta del aislador se aplica la tensión a frecuencia industrial que va aumentando gradualmente hasta que se produzca la perforación. Figura 2-16.

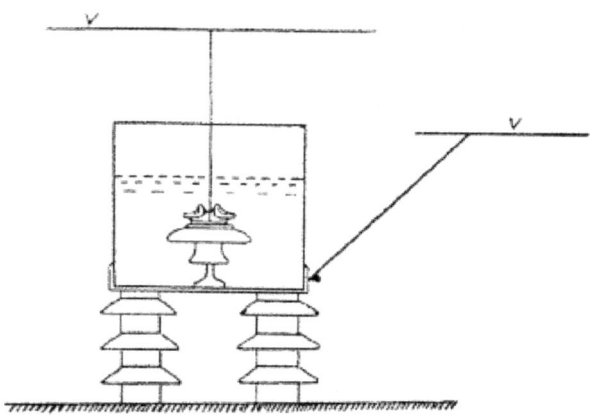

Fig. 2-16 Ensayo de perforación de un aislador rígido.

Para los aisladores de suspensión se procede de la siguiente manera: el aislador es suspendido por el perno y sumergido en el aceite, mientras que en la caperuza se coloca un herraje que apoya sobre el fondo del recipiente; la tensión se aplica al perno y al fondo del recipiente como en el caso precedente. Figura 2-17.

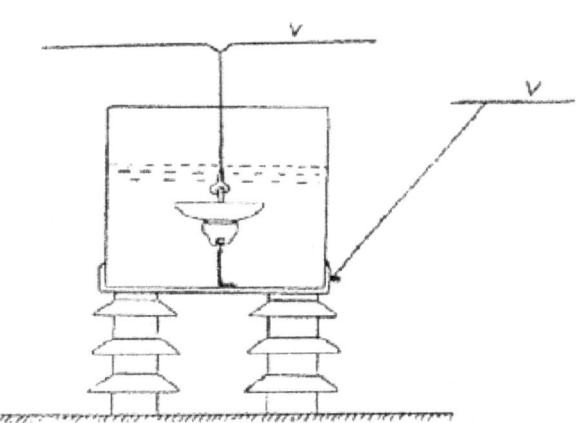

Fig. 2-17 Ensayo de perforación de un aislador en suspensión.

La tensión de perforación no debe resultar inferior a 1,5 veces la tensión crítica en seco y de igual forma no debe ser inferior a la garantizada para este tipo de aislador.

2-11 ENSAYO DE POROSIDAD.

Los fragmentos cerámicos de los aisladores o por acuerdo previo, las piezas cerámicas de misma composición y cocidas junto a los aisladores, deberán sumergirse en una solución de alcohol con 1% de fucsina (1 g de fucsina en 100 g de alcohol desnaturalizado) y someterse a una presión de 15 MPa durante un intervalo de tiempo tal que el producto de la duración del ensayo, expresado en horas, por la presión del ensayo no sea inferior a 180.

Los fragmentos de retiraran de la solución, y una vez lavados y secados se volverán a romper.

La observación a simple vista de las superficies recién fragmentadas, no debe revelar la penetración del colorante. No será considerada como negativa la presencia del colorante en las pequeñas grietas formadas durante la fragmentación inicial.

2-12 ENSAYO DE GALVANIZACIÓN.

Las partes porosas deberán someterse a un control de aspecto, seguido por la determinación de la masa del recubrimiento mediante el método de ensayo magnético.

En caso de surgir discrepancias relacionadas con los resultados del ensayo magnético, deberá realizarse un ensayo decisivo.

- Mediante el método gravimétrico usado para materiales forjados y fundidos.

- Mediante el método microscópico usado para tuercas, tornillos y arandelas.

El recubrimiento deberá ser continuo y tan uniforme y liso como sea posible, así como estar libre de todo aquello que pueda ser perjudicial para la aplicación de la pieza recubierta.

2-13 ENSAYOS ESPECIALES.

Además de los ensayos referidos precedentemente, por acuerdo especial pueden ser realizados otros ensayos limitados a los aisladores de suspensión. Estos ensayos se concretan sobre un número muy limitado de muestras.

2-13.1 Ensayo Termomecánico.

El aislador es sometido por 10 minutos primero a 75°C e inmediatamente expuesto a un esfuerzo mecánico igual al 50% de la carga crítica.

ENSAYO MECÁNICO DE LARGA DURACIÓN.

Se realiza sobre el 10 por mil de cada lote a un esfuerzo de tracción correspondiente al 65% de la carga crítica por un período de tiempo convenido que puede ser de dos horas o más.

2-13.2 Ensayo mecánico con vibradores.

Tiene por finalidad verificar el comportamiento de los aisladores en las condiciones en que se encuentran en la línea por la vibración de los conductores. Se combinan el ensayo mecánico de larga duración con el de vibraciones mediante un dispositivo mecánico que haga vibrar los elementos de retención.

La carga mecánica está limitada en este caso a la mitad de la carga crítica, debido a que pueden entrar en resonancia ante el contrapeso y el equipo vibratorio.

Después de alguno de estos ensayos, los aisladores serán sometidos a una prueba de integridad.

2-14 ENSAYO DE IMPULSO.

Los estudios estadísticos de las interrupciones del servicio de los sistemas de transmisión de la energía eléctrica han demostrado que, por lo menos, el 75% de las suspensiones del servicio se registran en horas de tormenta y son causadas por las descargas atmosféricas.

Para poder eliminar el efecto negativo de estas descargas se ha procedido al estudio de las características de la descarga eléctrica, especialmente en cuanto concierne a la forma de la onda y sus máximos valores de tensión y de corriente.

Una vez conocidos estos valores, ha sido posible en los últimos tiempos reproducir artificialmente el fenómeno y someter a estas solicitaciones elevadas la estructura aislante para determinar su comportamiento. El estudio de las descargas eléctricas fue iniciado hace mucho tiempo pero recién en los últimos años se han podido obtener conclusiones importantes.

2-14.1 Reproducción artificial de los fenómenos atmosféricos.

Conocidas las particularidades de los complejos fenómenos atmosféricos se han realizado los estudios correspondientes para la reproducción de estos fenómenos.

El hecho que la descarga de un capacitor electrostático presente analogía con el fenómeno de descarga atmosférica motivó a que el estudio se orientara a la descarga de baterías de numerosos capacitores conectados en serie y en paralelo y cargados con tensión reducida.

El circuito fundamental es el de Marx (figura 2-18).

Consiste en capacitores conectados en forma de poder efectuar la carga lenta con todos los elementos conectados en paralelo por medio de una barra de carga de elevada resistencia. Cada uno de estos capacitores está provisto de un explosor a esferas, con una de las esferas conectada al presente y la otra al siguiente.

La tensión aplicada a estos explosores es la de carga de los capacitores en paralelo.

Si se hacen descargas al primer explosor, se establece una conexión en serie de los dos primeros capacitores y la tensión aplicada sobre el segundo capacitor aparecerá duplicada y procediendo en la misma forma se llega a triplicarla sobre el tercero y así por esta vía en el último explosor aparecerá aplicada la tensión.

nV e

siendo:

n= número de capacitores.

V e= tensión de carga en paralelo.

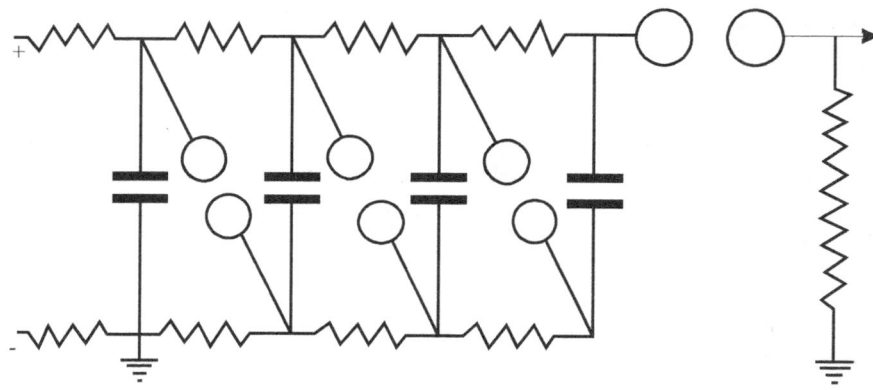

Fig. 2-18 Circuito elemental de Marx

El circuito de descarga se cierra a través de una resistencia entre el último explosor y la tierra, en paralelo a la cual son dispuestos otros espacios explosivos respecto a tierra y donde se colocan los aislantes a ensayar.

El esquema de Marx se presta para regular las características de la onda generada, variando los valores de la resistencia inserta entre los explosores del generador y variando también oportunamente la última resistencia en paralelo respecto a tierra.

Se puede así obtener ondas de elevada tensión y pequeña corriente, ondas de corriente elevada a la tensión máxima de carga de un capacitor o grupo de de capacitores y también ondas de elevada tensión contemporánea onda de elevada corriente.

Resulta de particular interés mencionar el generador de impulsos complejo ideado y desarrollado por el ingeniero italiano P. Belloschi de la sociedad Westinghose Electric; este comprende:

1. Un sistema de capacitores para descarga en serie que permite obtener una onda de elevada tensión y de duración de 2 a 4 microsegundos.

2. Un sistema de capacitores para descarga en paralelo con características de baja impedancia y capaz de generar ondas de corriente en un tiempo de carga de 10 microsegundos.

3. Un sistema de capacitores para descarga en paralelo con características de baja impedancia, provisto de un sistema de regulación del tiempo de descarga para poder generar ondas de corriente de bajo valor y larga duración.

Con este equipo es posible una reproducción integral y próxima a la realidad de los fenómenos atmosféricos.

El esquema de principio de un equipo para la generación de impulsos es mostrado en la figura 2-19.

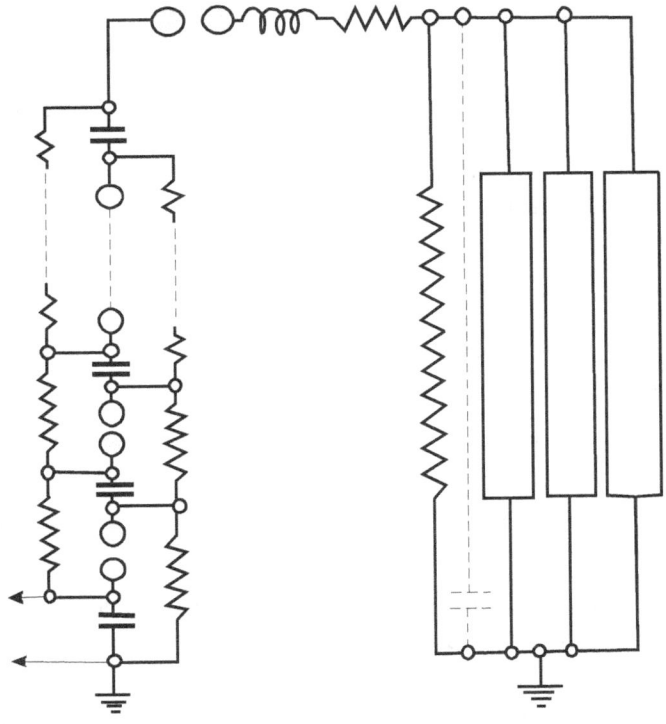

Fig. 2-19. Esquema del proceso de un esquema generador de impulsos

El generador de impulso de una moderna instalación debe ser complementado con aparatos de comando y de control.

Así en definitiva la instalación debe estar constituida por los siguientes elementos:

a. Un generador de impulso.

b. Un panel de comando de los explosores.

c. Un divisor de tensión resistivo, para la medición y registro de los impulsos por medio del osciloscopio.

d. Un explosor de esferas para el control de la tensión de cresta del impulso.

e. Un osciloscopio para el registro de los impulsos.

2-14.2 Ensayos de impulso sobre aisladores.

Los ensayos a frecuencia industrial no pueden dar una indicación del comportamiento del aislador a las solicitaciones de impulso. La tensión de frecuencia industrial que se puede aplicar a los aisladores es muy inferior a los valores que se pueden presentar en la realidad en el caso de una descarga atmosférica que colapse la estructura aislante y además la distribución de potencial es bien diferente en el caso de que se aplique una tensión de golpe, como en el caso de los impulsos, de aquella que se presenta con la aplicación de tensiones de frecuencia industrial gradualmente creciente.

De aquí la necesidad de someter a los aisladores al ensayo de impulso que permite estudiar su comportamiento en condiciones iguales a aquellas que se presentan en la realidad.

2.14.3 Definiciones.

Partiendo de las normas que regulan el ensayo de impulso, mencionamos algunas definiciones.

Para que los resultados de los ensayos sean compresibles, la norma recomienda el empleo de formas de onda normalizadas.

Onda normal completa: la tensión de impulso es una tensión unidireccional que crece rápidamente hasta su valor máximo y luego decrece hasta decaer lentamente hasta el valor cero.

La forma de onda se define en función de los tiempos T_1 y T_2 en microsegundos, donde T_1 es el tiempo que transcurre entre el inicio y el pico de la onda y T_2 el tiempo total desde el inicio hasta el momento en que la tensión ha caído el 50% de su valor máximo. Figura 2-20.

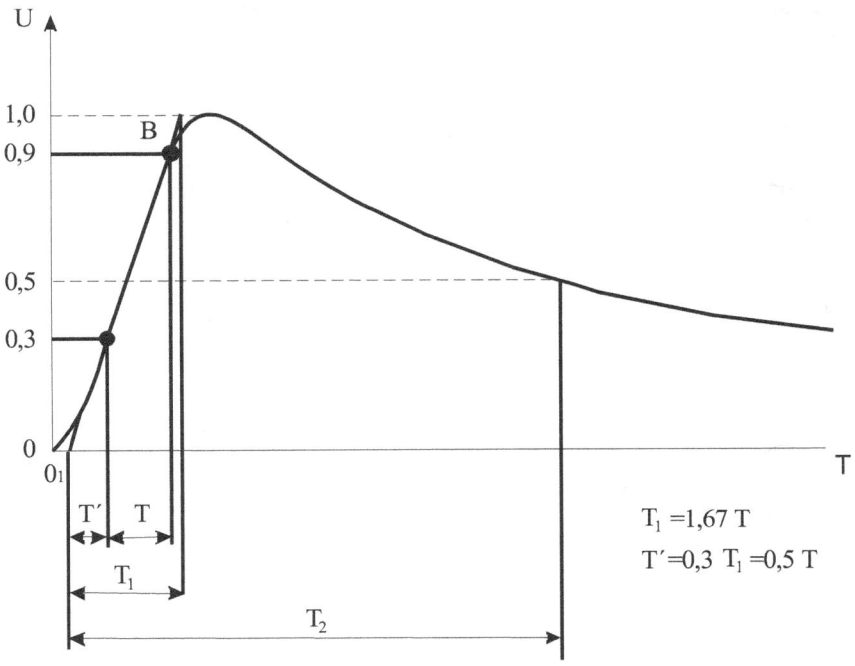

Fig. 2-20 Onda normal completa.

La forma de la onda está referida a la relación$\frac{T_1}{T}$.

El método exacto para definir la onda de tensión de impulso está especificado por varias entidades internacionales de normalización. La Comisión Electrotécnica Internacional define la onda de tensión de impulso en términos de duración normal del frente y de la cola. El tiempo de frente es definido por

$$= 1,67$$

T es el tiempo que transcurre entre los puntos A y B de la tensión, o sea el 30% y el 90% de su valor máximo.

El punto O_1 es donde la recta A-B corta el eje de los tiempos. El tiempo normal de la cola T_2 es el tiempo comprendido entre Q y el punto de la cola de la onda donde la tensión es del 50% de su valor máximo. La forma de la onda es definitiva como T/T_2 y de acuerdo a las especificaciones de la Comisión Electrotécnica Internacional ese valor es de 1,2/50 microsegundos (µs). Las especificaciones permiten una tolerancia del 30% en el tiempo de frente y de 20% en la duración de la cola.

2-14.4 Onda de tensión interrumpida.

Es una onda de impulso en la cual, después de una descarga o una perforación, la tensión cae bruscamente a un valor más bajo de aquel que se registraría si la descarga o la perforación no se hubiese producido. Figura 2-21

La interrupción puede ser sobre el frente o sobre la cola.

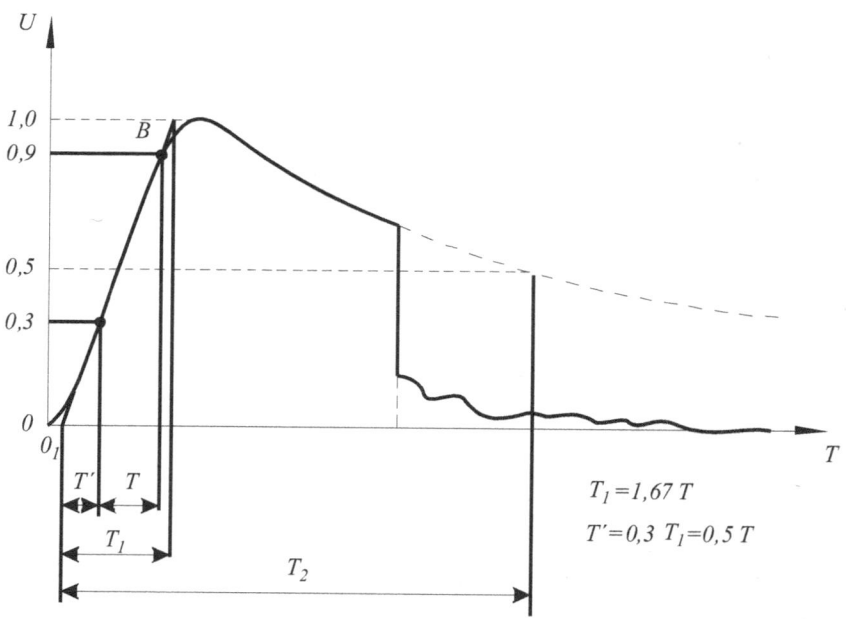

Fig. 2-21. Onda de Impulso interrumpida.

2-14.5 Tensión de impulso resistida.

Es el máximo valor de tensión de cresta que el aislador puede soportar sin que se produzcan descargas externas ni perforaciones.

Tensión de descarga externa a impulso sobre el frente de la onda.

Es el valor de la tensión de impulso al momento en que se produce la descarga cuando esta se produce sobre el frente.

Tensión de descarga a impulso sobre la cola de la onda.

Es el valor de cresta de la tensión de un impulso luego de la descarga externa en correspondencia con la cola de la onda.

2-14.6 Tensión de descarga externa crítica del 50% a impulso.

Es el valor de cresta de la tensión de impulso que aplicada repetidamente al objeto en prueba produce la descarga externa sobre la cola o al límite de la cresta de la onda en el 50% de sus aplicaciones.

2-14.7 Características de descarga externa de impulso.

La característica externa de impulso de una estructura aislante, para una tensión de impulso de determinadas características y polaridad es representada colocando en ordenadas los valores de las descargas externas al 50% o impulso y en la abscisa la correspondiente duración hasta la descarga externa. Figura 2-22.

2-14.8 Ensayo de descarga externa.

Para el ensayo de impulso de descarga no es definible un valor máximo determinado de la tensión de descarga debido a que intervienen numerosos factores que pueden influir sobre el resultado, por eso el comportamiento a la descarga externa de una estructura aislante es definida sólo por medio de curvas determinadas; características de descarga externa relativa a alguna polaridad y a una forma de onda determinada.

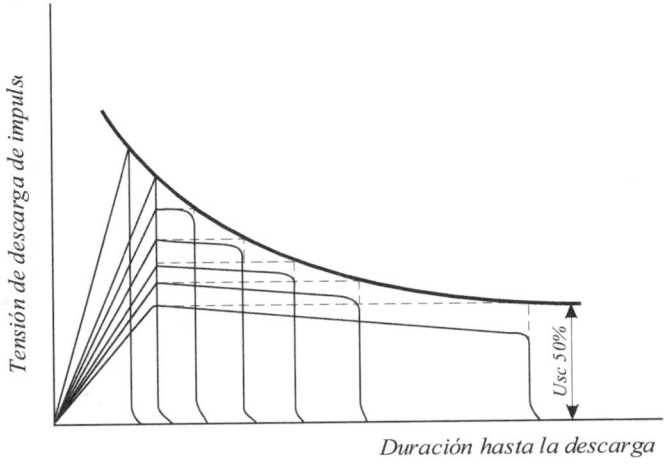

Fig. 2-22 Característica de descarga externa.

Estas curvas definen en forma completa el comportamiento de una estructura aislante a las solicitaciones de impulso. Figura 2-23.

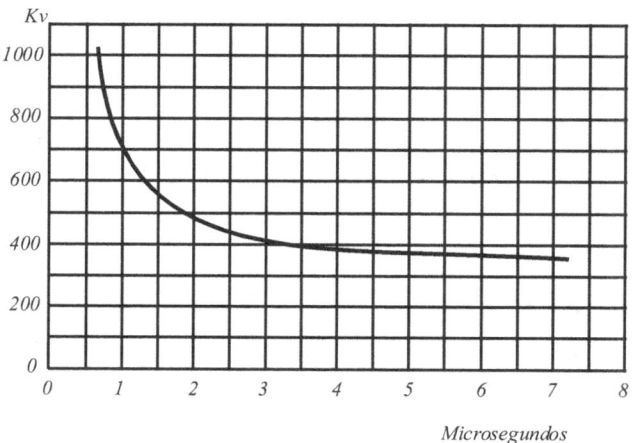

Fig. 2-23 Característica de descarga externa de una cadena de aisladores.

Para obtener estas curvas conviene determinar el primer punto a la tensión de descarga del 50% (descarga sobre la cola con la misma duración) para después subir gradualmente la tensión de cresta hasta obtener las descargas sobre las crestas y sobre el frente de la onda.

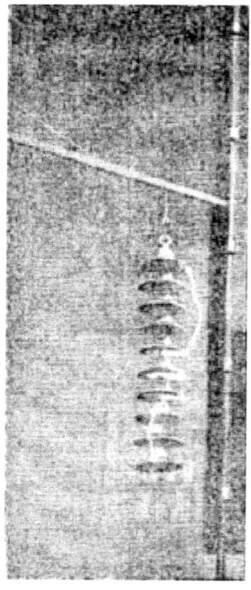

Descarga a impulso sobre una cadena de aisladores de 10 elementos.

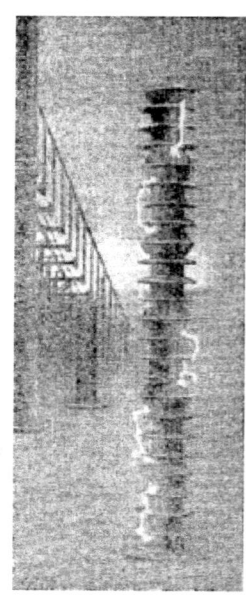

Descarga externa sobre una columna de aisladores soportes.

Las normas prescriben un número de descargas no inferior a tres en algún punto y una variación de la tensión de cresta por escalón no mayor de 10%.

La figura 2-24 muestra la característica de descarga para una cadena de aisladores de suspensión; mientras que la figura 2-25 muestra una descarga a impulso de una columna de aisladores soportes obtenida con tensiones de la cresta de la onda de impulso 1600 KV.

Determinación de la tensión resistida a impulso.

Para una estructura aislante, las características de impulso pueden ser determinadas por medio de la aplicación de un elevado número de impulsos con valores de cresta variables, cuya polaridad y forma de onda se mantienen constantes.

Para la aislación autorregenerativa, las características de impulso pueden ser determinadas por medio de la aplicación de un elevado número de impulsos con valores de cresta variables, cuya polaridad y forma de onda se mantienen constantes.

Un método consiste en aplicar 20 impulsos para cada de tensión de cresta, luego la tensión se incrementa en pequeños escalones. El número de descargas en cada nivel de tensión dividido el número de aplicaciones es aproximadamente la probabilidad de descarga (Pt) para ese caso particular de forma de onda de impulso, magnitud y polaridad. Para obtener el valor exacto se necesita un elevado número de aplicaciones.

Si la probabilidad de descarga es gratificada en función de la tensión se obtiene como resultado la curva promedio de la frecuencia de distribución.

1.1`probabilidad de descarga disruptiva.

2.1`probabilidad de tensión resistida.

(a) escala lineal.

(b) graficado sobre papel de probabilidad normal.

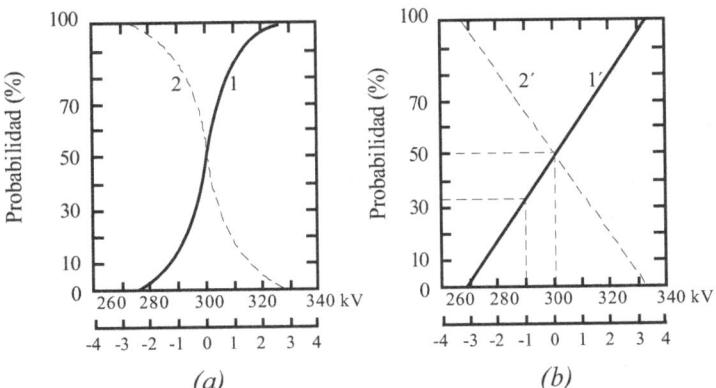

(a)   *(b)*

Fig. 2-26. Función de distribución normal acumulativa.

NOTA: la abscisa puede estar en KVy en variable normalizada.

$$z = (U - \overline{U})$$

Si el gráfico está en escala lineal la distribución es normal o gaussiana (figura 2-26 (a)) y si está en papel de probabilidad normal resulta una línea recta, (figura 2-26 (b)).

El punto Pt = 0,50 fija la probabilidad de descarga disruptiva del 50% o tensión crítica de impulso para las diversas tensiones (U), pueden ser representadas por la ecuación siguiente en la cual se ha sustituido la variable (U) por la variable normalizada (z).

$$= \frac{1}{\sqrt{2}} \quad \overline{}$$

$$= \frac{(U - \overline{U})}{}$$

$$\overline{U} = \frac{\sum U}{}$$

n = número de pruebas.

$$= \sqrt{\frac{\sum(U - \overline{U})}{}}$$

La desviación normal σ es una medida de la disposición de observación de (U) alrededor de 1 valor medio de la tensión crítica($\overline{U}$).

El valor $\frac{\sigma}{\overline{U}}$ es llamado coeficiente de variación.

La ventaja de la distribución normal de la tensión crítica y la desviación normal es que la tensión crítica y la desviación normal son conocidas, y la probabilidad de descarga disruptiva puede ser estimada para las diversas tensiones.

2-15 ENSAYO DE ALTA FRECUENCIA.

Para los aisladores de porcelana este ensayo es de menor interés que los anteriores, dado que la porcelana es menos apta que otros materiales para la alta frecuencia. Este ensayo está limitado para casos especiales de aisladores de suspensión y de aisladores rígidos de líneas de dimensiones relevantes.

Este ensayo de rigidez dieléctrica puede ser empleado como prueba selectiva sobre todos los aisladores o como verificación de la fabricación sobre un porcentaje (10 a 20%) de cada lote.

Las normas prescriben que la frecuencia empleada debe estar comprendida entre 200 y 500 kHz y la potencia empleada debe ser no menor de 5 kV A.

La tensión de prueba debe superar el 25% la tensión crítica en seco del elemento a probar y la prueba debe durar 5 minutos como mínimo.

El circuito empleado para obtener alta frecuencia de oscilación es mostrado en la figura 2-27, donde la fuente de alta tensión es una bobina Tesla. Esta consiste en dos arrollamientos concéntricos en aire. El bobinado de alta tensión es de un elevado número de esferas colocadas sobre una forma de material aislante. El aislante entre esferas puede ser aire o aceite. El arrollamiento de baja tensión es de pocas esferas sobre una forma aislante.

La fuente de baja tensión está conectada a la bobina Tesla a través de un capacitor C_1 y a un descargador a esferas mostrado en la figura 2-27.

Bobina Tesla

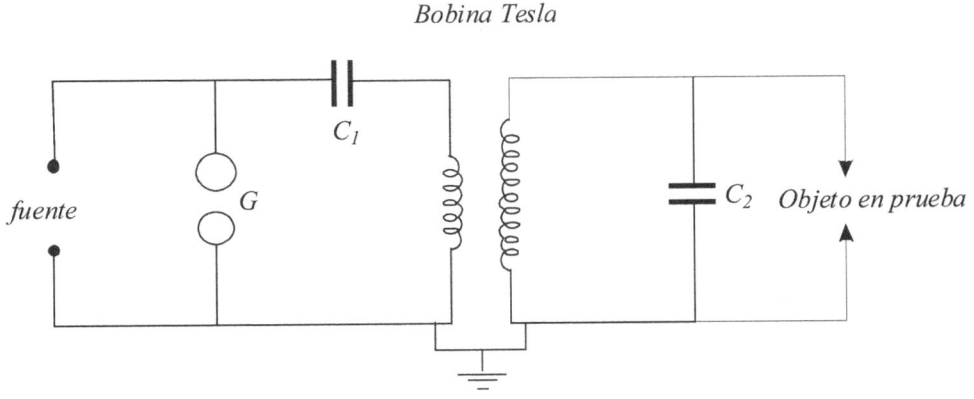

Fig. 2-27. Circuito utilizado para la generación de alta frecuencia.

El capacitor C_2 comprende las capacitancias del arrollamiento de alta tensión, del elemento bajo prueba y del aislador de esferas y es usado para la medición.

El capacitor C_1 se carga a una tensión que depende de la tensión de la fuente y aparece sobre las esferas del descargador en aire. Cuando el descargador se ceba, C_1 se descarga y aparecen oscilaciones de alta frecuencia producidas por el circuito primario de la bobina Tesla.

La frecuencia de oscilación viene dada aproximadamente por la expresión:

$$f = \frac{1}{2H\sqrt{4C_1}}$$

Donde L_1 es la inducción del circuito primario. El valor ideal de la frecuencia requerido para este ensayo es de 200 KHz.

La corriente de oscilación del circuito primario induce oscilaciones en el circuito secundario de la bobina Tesla. Las frecuencias de las oscilaciones inducidas se logran por la sintonización de dos circuitos, donde $L_1 C_1 = L_2 C_2$; siendo L_2 la inductancia del circuito secundario.

Un análisis realizado por Good muestra que la relación viene dada por:

$$\frac{V_2}{V_1} = \sqrt{\eta \frac{C_1}{C_2}}$$

Donde:

V_1 = máxima tensión con C_1 cargado.

V_2 = máxima tensión C_2 cargado.

η = eficiencia de la energía transferida del capacitor primario al circuito secundario.

El valor de η depende de las resistencias y de las pérdidas dieléctricas del circuito. La fuente puede ser de corriente continua o corriente alterna. Si es de corriente alterna, la carga y descarga del capacitor C_1 se produce en dos veces por ciclo y la frecuencia de oscilación del circuito será el doble.

CAPITULO III.
DESCARGADORES DE SOBRETENSIONES.

3-1 GENERALIDADES.

La protección contra sobretensiones tiene por objeto preservar los elementos que constituyen los sistemas eléctricos de la acción perjudicial de las sobretensiones que pueden aparecer durante el servicio. Las más importantes causas de sobretensiones, así como las características de los principales tipos de sobretensiones, no son objeto de consideración en este caso, ya que existe una basta bibliografía.

Cuando se produce una sobretensión, hay que reducirla hasta un valor no peligroso para los elementos de la instalación. Este valor podría alcanzar como máximo el valor de la tensión de prueba. Cuando hay aparatos con diferentes tensiones de prueba, debe adoptarse como punto de referencia el valor de la tensión de prueba más baja.

El dispositivo de protección contra sobretensiones será tanto mejor cuanto menor será la tensión límite que provoca su actuación. Además del valor de la tensión límite, también la denominada tensión de respuesta que es la tensión bajo la cual comienza a actuar el descargador.

Se debe distinguir la tensión alterna de respuesta de la tensión de impulso de 50%, que llamaremos $L_{1\ min}$, siendo esta última el valor de tensión para el cual el 50% de las ondas de tensión de impulso de igual valor, provocan la respuesta del dispositivo protector.

Se denomina factor de impulso a la relación:

$$fm = \frac{U_{min}}{U_0}$$

Este factor tiene mucha importancia para la determinación de los dispositivos de protección.

Las tensiones de respuesta de los dispositivos no debe exceder mucho la tensión nominal y además deben evitarse perforaciones intempestivas en su red, causadas por sobretensiones de muy corta duración. En las ondas de sobretensión, entre la incidencia de la onda y la caída de esa onda al producirse la descarga superficial, transcurre un tiempo del orden de algunos microsegundos, que se denomina tiempo disruptivo. Este tiempo es diferente para los distintos aparatos y depende de la amplitud o, en otros casos de la pendiente de la onda. La descarga superficial puede producirse en el frente de la onda, en el valor máximo o en la cola de la misma. Figura 3-1.

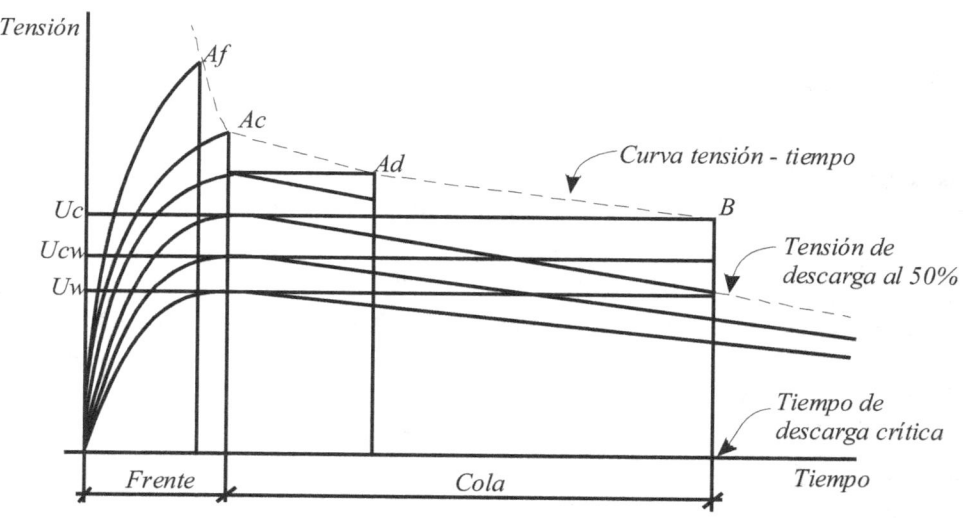

Af: descarga sobre el frente
Ac: descarga sobre la cresta
Ad: descarga sobre la cola
Uc: tensión critica de descarga
Ucw: tensión critica resistida
Uw: tensión resistida

Fig. 3-1. Modalidad de la característica tensión tiempo de descarga.

Se denomina característica de impulso a la dependencia entre la amplitud de la onda y el tiempo de descarga superficial. Esta característica de impulso se convierte en horizontal en el punto B de la figura 3-1 en la que coincide con la descarga crítica. De aquel se deduce una nueva condición para los dispositivos de protección contra sobretensiones que sus características de impulso, estén por debajo de las características de impulso de los elementos de la instalación que debe protegerse.

3-2 DESCARGADORES DE RESISTENCIA NO LINEAL.

Uno de los elementos fundamentales que constituyen estos descargadores son las resistencias de características no lineales o resistencias variables. Los materiales que constituyen estas resistencias son el carbono de silicio y el óxido de zinc. De acuerdo al material de las resistencias surgen el descargador de carburo de silicio y el de óxido de zinc.

El descargador de carburo de silicio está compuesto por un elemento llamado comúnmente válvula, el cual está protegido de la aplicación continua de la tensión del sistema por una serie de explosores, los que actúan como aislador durante la operación normal del sistema a la tensión nominal de la red.

En los descargadores de óxido de zinc o de óxido metálico, es el bloque de óxido de zinc que hace de aislador del descargador respecto a tierra.

3-2.1 Descargadores de carburo de silicio.

Estos descargadores están compuestos básicamente por los siguientes elementos:

1. Explosores.
2. Resistencias no lineales en serie.

El número de explosores depende de la tensión de cebado y de la tensión nominal de funcionamiento. Figura 3-2.

Los explosores están ajustados para que la descarga se produzca entre los electrodos a una tensión denominada tensión de cebado, lo que establece la conexión a tierra a través de las resistencias. Después de la disminución del valor de la sobretensión, los explosores suprimen, a su próximo paso por cero, la corriente de red que se establece a la tensión de servicio pero cuya intensidad está limitada por la resistencia.

La resistencia está conformada por un material aglomerado que tiene la propiedad de variar su resistencia con rapidez disminuyendo cuanto mayor es la tensión aplicada y adquiriendo un valor elevado cuando la tensión es reducida o sea que tiene una característica eléctrica muy adecuada para el funcionamiento del descargador ya que a la tensión de servicio opone una resistencia elevada al paso de la corriente, mientras que en el caso de sobretensión permite su fácil descarga a tierra con su consiguiente eliminación.

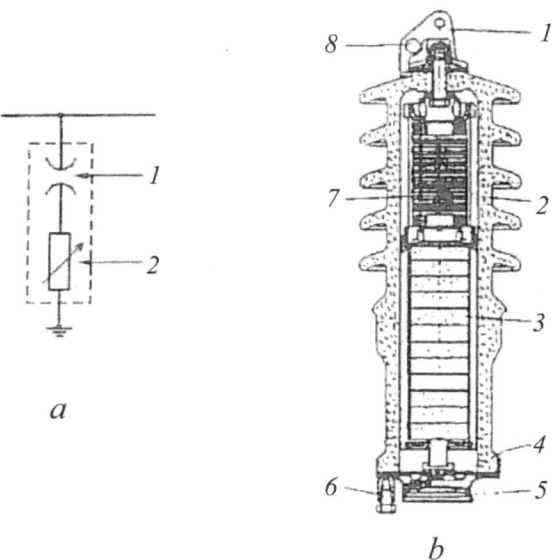

a. Esquema básico: 1 explosor de cebado y extinción. 2 resistencia variable.

b. Corte longitudinal: 1 pieza de conexión. 2 aislador. 3 discos de resistencia. 4 membrana de sobrepresión. 5 casquete protector. 6 toma de tierra. 7 explosores. 8 conexión de tierra.

Fig. 3-2 Descargador de carburo de silicio

En resumen los explosores cumplen las siguientes funciones:

a. Constituir un espacio aislante para el valor de la tensión de red.

b. Iniciar el arco en el momento que la sobretensión se presenta a los bornes del descargador.

c. Cortar el arco en el momento que la sobretensión ha desaparecido y en el primer paso por cero de la corriente de frecuencia industrial que atraviesa el descargador.

La Comisión Electrotécnica Internacional ha establecido las características fundamentales de los descargadores para determinar su calidad por medio de los ensayos.

- Tensión nominal: es el valor eficaz más elevado de la tensión, admitido entre los bornes del descargador a frecuencia nominal. La tensión nominal de un descargador coincide con el valor de la tensión máxima de servicio.

- Tensión de cebado a frecuencia nominal: no es deseable que el descargador se cebe frecuentemente con tensiones de origen   interno que pueden soportar perfectamente los aparatos. Por lo tanto está previsto que pueda recibir sin cebarse estos impactos de tensión para valores que sean 1,5 veces inferiores a la tensión nominal del descargador.

- Tensión de cebado a impulso: es este caso se hace la distinción entre la tensión 100% de cebado a impulso y la tensión de cebado en el frente de la onda. La primera es la tensión de cresta de la tensión de impulso 1,2/50µs para la cual el descargador se ceba 5 veces de cada 5. La tensión de cebado en frente es el valor más elevado de la tensión de cebado en el frente de una tensión de impulso de cierta forma y de cierto valor.

- Tensión residual: es la tensión que aparece en los bornes del descargador cuando la corriente de descarga alcanza el valor de la corriente nominal.

- Corriente de descarga nominal: es la amplitud de la corriente de impulso para la cual se dimensiona el descargador. El descargador debe poder descargar esta corriente un número ilimitado de veces, sin sufrir avería. La variación temporal difiere, según las prescripciones de cada país, entre 8....20 y 12....45µs.

- Corriente de descarga máxima: es la corriente máxima de impulso que el descargador puede descargar con seguridad. En la mayor parte de los casos, el valor exigido es de 100 KA para una forma de onda 5/10µs desde hace algún tiempo, se exige también una corriente de descarga máxima de larga duración, por ejemplo 2.000 µs.

3-2.2 Descargadores de oxido de zinc.

En los últimos años, los descargadores de óxido metálico sin explosores, descargadores de oxido de zinc (ZnO), se han impuesto para la protección contra las sobretensiones en las redes eléctricas de todos los niveles de tensión. Los descargadores con resistencia de carburo de silicio (SiC), provistos con explosores se emplean en raras ocasiones.

En comparación con los descargadores de sobretensión con explosores, los descargadores de ZnO se basan en la construcción sumamente simplificada. Su comportamiento en el funcionamiento está determinado casi por completo por las propiedades de la resistencia de óxido metálico. Ello indujo muy pronto a los fabricantes a invertir considerables sumas en la investigación y a estimular el desarrollo y comercialización de los descargadores de sobretensión de óxido metálico.

La figura 3-3 muestra la característica de tensión contenida de un resistor de ZnO. La clara transición de estado del aislante al conductor al llegar a la tensión de cebado Ub constituye la característica principal de estas resistencias independientes de la tensión y altamente no lineales. Los procesos de construcción no solamente son sumamente rápidos, sino totalmente irreversibles.

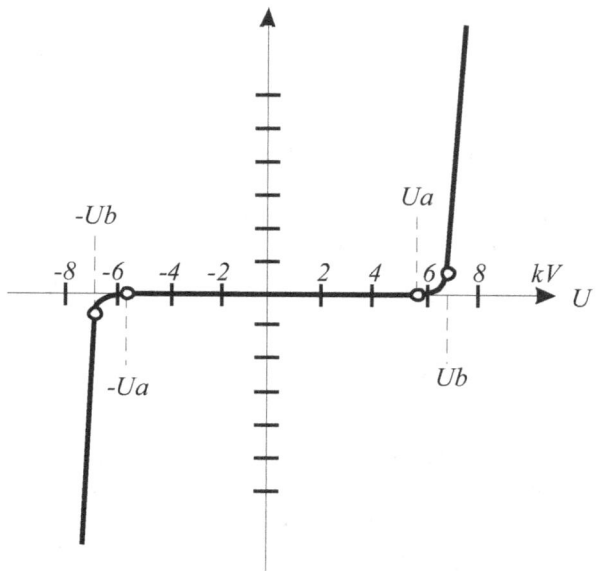

Ub: tensión de cebado
Ug: tensión de servicio permanente

Fig. 3-3 Representación lineal de la característica de una resistencia de óxido metálico para la técnica de la alta tensión.

La resistencia bloquea de nuevo tan pronto como la tensión aplicada U sea inferior a Ub.

Mediante la elección apropiada de las dimensiones geométricas y la fabricación esmeradamente controlada de la cerámica de óxido metálico, es posible ajustar la tensión de cebado en un margen amplio (Ub = 10 V hasta 10^6 V).

Los parámetros reducidos de densidad de campo E y de densidad de corriente J describen por consiguiente la característica de manera más general. En la representación logarítmica doble de la característica se pueden diferenciar claramente tres zonas, el cebado previo o zona de corrientes reducidas A; el cebado propiamente dicho de corrientes intermedias B y la zona de corrientes elevadas C. Figura 3-4.

En explotación de redes sin sobretensiones, el descargador opera con la tensión de servicio permanente Up ó Ug, para cargas de corriente alterna o continua, que se encuentran en la zona de cebado previo. El campo de cebado al que se llega en presencia de una sobretensión, caracterizada por una no linealidad sumamente elevada, eS la zona de corriente en función de la tensión. La figura 3-4 muestra cuantitativamente este efecto por las componentes de no linealidad o, independientes de la tensión y para la tensión Ub.

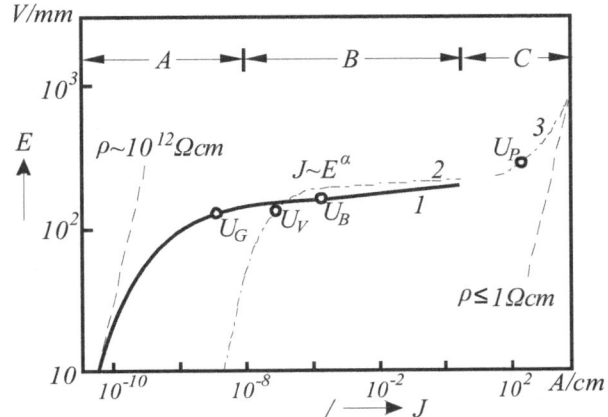

Curva 1: característica de tensión continua. Curva 2: característica de tensión alterna. Curva 3: Característica de tensión residual correspondiente a una onda de corriente de crecimiento de 8 μs de tiempo de semiamplitud de descenso.

Fig. 3-4 Características no lineales de la resistencia de carburo metálico.

3-3 GENERADOR DE IMPULSO DE CORIENTE.

Dentro de los equipos utilizados para los ensayos de descargadores hay que considerar en forma particular el generador de impulso de corriente porque es el único equipo diseñado especialmente para ser utilizado en este tipo de ensayos.

Los generadores de impulso de corriente son aparatos aptos para generar corrientes de elevados valores de tipo impulsivo. Los criterios ligados a la construcción de estos generadores son los siguientes.

Colocando en paralelo un cierto número de capacitores y cargándolos con una tensión continua de valores convenientes, es posible descargar, a través de un explotador, sobre el objeto en prueba, la energía almacenada durante la carga.

En realidad el resultado depende de los elementos inductivos y resistivos incluidos en el circuito, dado que los valores no pueden ser determinados con exactitud debido a las conexiones del objeto en prueba.

El circuito necesario puede ser construido según el esquema de la figura 3-4 en la cual C indica la capacidad total del generador y L y R son respectivamente la inductancia y la resistencia distribuidas en las conexiones del objeto en prueba.

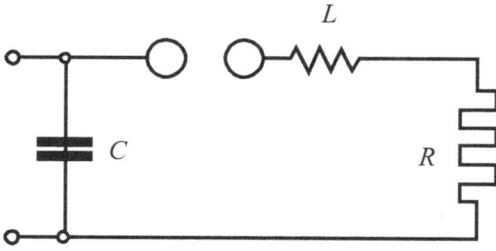

Fig. 3-5 Esquema del principio de un generador de impulso de corriente.

En el momento en que se produce la descarga y si el valor de la resistencia es tal que no hace aperiódica la corriente, es decir:

$$< 2 \quad \overline{}$$

La corriente impulsiva que se manifiesta en el circuito es de tipo oscilatorio amortiguado y responde a la ley expresada en la relación:

$$= \overline{}$$

En la cual V es el valor de la tensión a la cual se produce la descarga de los capacitoresω la pulsación de la oscilación que puede ser determinada mediante la expresión:

$$= \frac{1}{} \left(1 - \frac{}{4L} \right.$$

$$= \frac{1}{2} \frac{}{2L}$$

El comportamiento de una corriente de este tipo es representado en la figura 3-5.

Analizando la ecuación de la corriente representada, usando métodos de la matemática superior, se puede arribar a una expresión que expresa el valor máximo de la corriente (i_M)

en el primer pico y en función de la energía (W) almacenada en el capacitor y del valor de la inductancia del circuito (L), según una constante:

$$= \frac{\overline{2W}}{} . K$$

Esta relación establece que la posibilidad de obtener elevados valores de corriente depende en principio de la forma de obtener una inducción de bajo valor en el circuito.

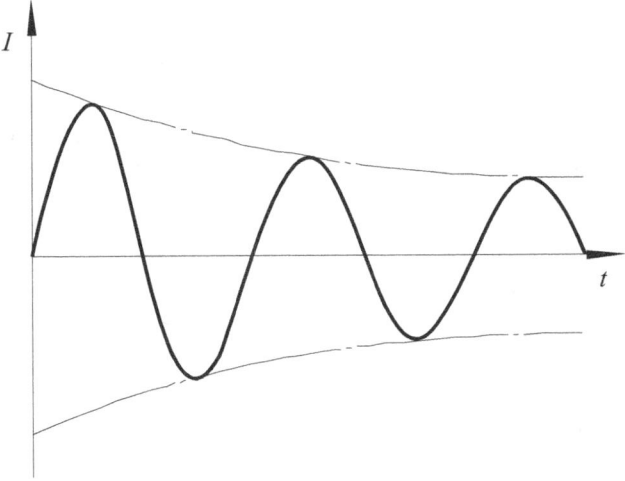

Fig. 3-6 Representación de la corriente de salida de un generador de impulso de corriente (condición oscilatoria)

Como es posible observar, el valor máximo de la corriente depende de la energía almacenada en los capacitores y es independiente de los valores de la tensión y de la capacidad.

De lo anterior se deduce que es posible obtener los mismos valores de corriente usando diversos valores de capacidad y de tensión, dado que resulta satisfecha la siguiente expresión:

$$= \frac{1}{2}$$

El valor de la corriente K está comprendido entre 0,85 y 0,95.

La posibilidad de obtener impulsos de corriente unidireccional, de una sola polaridad es posible si el circuito se transforma en amortiguador aperiódico aumentando el valor de la resistencia con la consiguiente disminución notable del valor máximo de la corriente que, a partir de estas condiciones puede ser obtenido desde el generador igualando a 100 el valor de la corriente obtenida dos condiciones de oscilación libre, aumentando la resistencia para lograr el amortiguamiento crítico del circuito, se reduce el valor máximo de la corriente a 337 con una disminución del 63%.

Empleando para el amortiguamiento una resistencia no lineal y obteniendo un impulso de corriente unidireccional aproximada, la disminución puede ser del orden del 30%, del valor en oscilación libre.

El problema a resolver, desde el punto de vista práctico, consiste en hacer pasar por el objeto en prueba una onda de corriente de forma y amplitud prefijadas y cuyos parámetros se ajustan a las disposiciones establecidas por las normas.

En general las condiciones establecidas en el circuito de la figura 3-5 no son realizables en forma completa, pero considerando el circuito simplificado vienen facilitadas notablemente las operaciones de regulación del circuito a los fines que se quieren lograr.

En la figura 3-7 se muestran diagramas destinados a facilitar ulteriormente la selección de los parámetros a asignar al circuito.

Los símbolos del diagrama tienen los siguientes significados:

T_f = duración convencional del frente de onda expresado en μs.

T_c = duración convencional de la cola de la onda expresado en μs.

F = representa la relación $\dfrac{L}{R}$ en la cual L en μH y R en Ohm.

M_ℓ = expresa el rendimiento del generador según la relación:

$$M_\ell = -$$

Para V tensión de carga en Volt, e I_M valor de cresta de la corriente en ampere.

A. representa el parámetro característico del generador y del circuito según la relación

$$= \frac{4L}{}$$

Si este valor es superior a 1 la corriente resulta oscilatoria, y si es inferior la corriente es aperiódica.

Para asegurarse que el circuito opere en la segunda forma se debe operar de la siguiente forma:

- dado un valor de la relación de la duración convencional de la cola y el frente de onda —, se determina sobre los diagramas los valores de:

$$A, \frac{T_f}{F}, \frac{T_c}{Q}, \eta_t$$

A los efectos de aclarar lo dicho sobre el uso de los diagramas consideramos oportuno presentar un ejemplo numérico suponiendo que se quiere obtener una forma de onda 8/20 μs, que representa la forma de onda requerida para los ensayos de descargadores de resistencia no lineal.

El valor de la relación $\frac{T_c}{T} = \frac{20}{8}$ es igual a 2,5 y en el diagrama en correspondencia con este valor se obtendrá:

$$— = 0,72$$

$$— = 3,7$$

$$M_\ell = 0,45$$

De los valores relativos se deduce:

$$= — = \frac{}{0,72} = \frac{8}{0,72} = 11$$

$$= \quad = \frac{}{3,7} = \frac{20}{3,7} = 5,5 \, \mu s$$

Conocido el valor de ϵ se puede determinar fácilmente los valores de R y L del circuito.

El valor de cresta de la corriente resulta

$$= 0,45 \; -$$

Si el valor de A es mayor que 1, el circuito es oscilatorio.

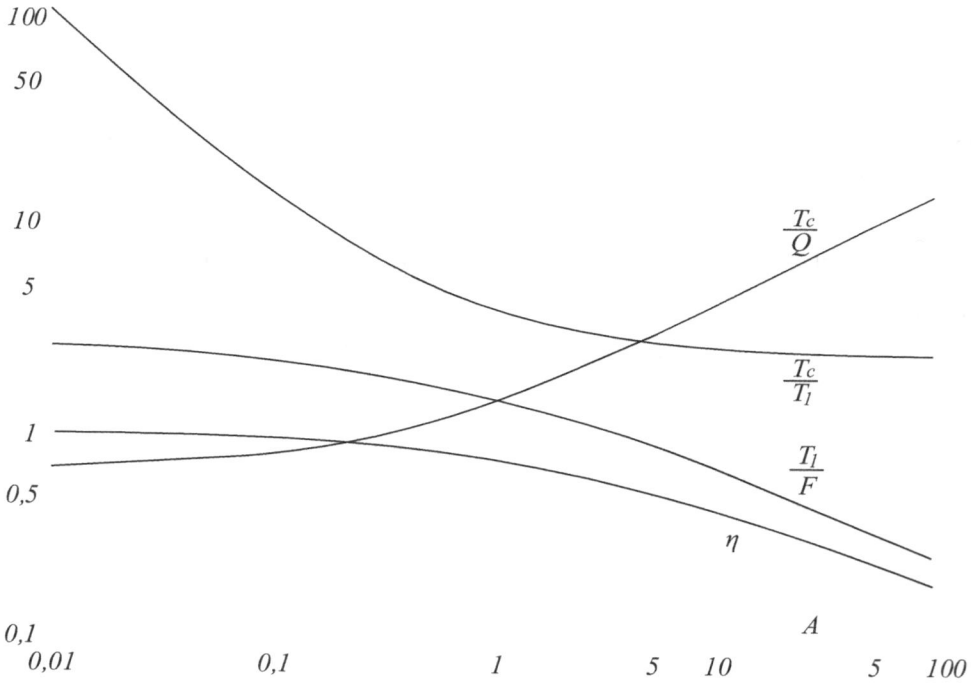

Fig. 3-7 Diagramas para la determinación de los parámetros a asignar a un generador de impulso de corriente para obtener la forma de onda deseada.

La realización de un generador de impulso de corriente con un valor de cresta próximo a 10 kA, no presenta del lado constructivo particulares dificultades, mientras la realización de generadores capaces de suministrar impulsos de corriente del orden de 100 kA, es muy compleja.

Hemos visto que, por un cierto grado de amortiguamiento de la onda de corriente suministrada por el generador, el valor máximo de la corriente obtenible viene dado por la relación:

$$= \frac{\overline{2IW}}{}$$

Y es notable que para obtener valores de corriente elevados es necesario aumentar la energía almacenada en los capacitores.

Se puede llegar a este resultado de dos maneras, aumentando convenientemente el valor de la tensión de carga o aumentando la capacidad de los capacitores, o, naturalmente combinando ambos factores.

En la realización de generadores de impulso para corrientes muy elevadas es preferible obtener el aumento de la energía almacenada mediante el aumento de la capacidad, dado que el aumento de tensión tiene ciertos límites; aumentar la distancia de aislamiento necesario en el equipamiento tiene como consecuencia el aumento del valor de la inductancia del circuito anulando en parte las ventajas de este procedimiento.

Para disminuir el valor de la inductancia y lograr valores de corriente elevados es necesario reducir al mínimo la longitud de las conexiones, es decir disponiendo de un circuito como el representado en la figura 3-9.

3-3.1 Generador de impulso de onda rectangular.

Hasta ahora hemos considerado los generadores de impulso de corriente aptos para la producción de ondas de intensidad elevadas y de breve duración, pero como hemos dicho precedentemente, en muchos casos es necesario tener a disposición, para la ejecución de cortos ensayos, ondas de corriente de una duración mucho mayor de la considerada hasta ahora, con una amplitud mayor (ondas rectangulares) cuyos parámetros se aproximan a la centena de amperes con una duración de 2000μs.

Las ondas de otro tipo pueden ser obtenidas mediante generadores de impulso especiales de los cuales consideramos el principio de funcionamiento.

Un cierto número de capacitores, que pueden ser del mismo tipo usados para los generadores descriptos, son conectados con inductancias de forma de realizar una sucesión de celdas en T, según el esquema de la figura 3-8.

El sistema debe ser alimentado de un lado, con una fuente de corriente continua, mientras del otro lado se conecta, a través de un explosor, el objeto en prueba en paralelo con una resistencia variable R.

Prácticamente se realiza una línea de retardo, por medio de la cual, y mediante el cebado del explosor, es posible obtener que, en el objeto en prueba circula una corriente sensible constante y por un tiempo, independiente de la consistencia del elemento en prueba, condición que se obtiene también mediante una regulación oportuna   del valor de la resistencia R.

El circuito expuesto y usado normalmente para los ensayos de los descargadores de resistencia variable, en los cuales la inductancia L`, cuyo valor es cerca del doble del que está puesto en el circuito, tiene la función de reducir la amplitud de las oscilaciones superpuestas a la onda, mientras la resistencia R permite la variación de la impedancia de salida de modo de hacerla prácticamente igual a la impedancia de onda de la línea de

retardo y que se calcula mediante $\sqrt{-}$

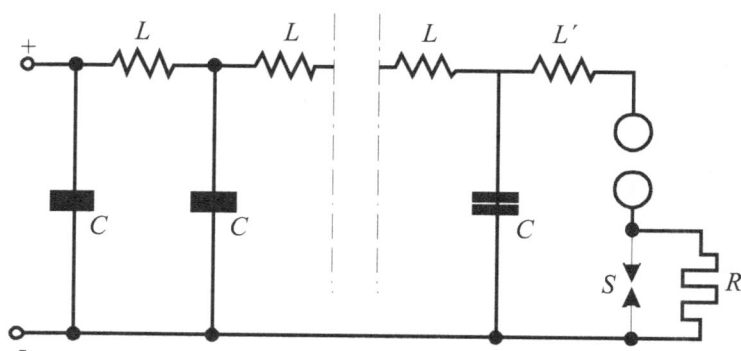

Fig. 3-8 Esquema de principio de un generador de impulso de corriente de forma de onda rectangular.

- La duración T de la onda de corriente, depende del número N de celdas que constituyen el generador según la relación:

$$= 2N \sqrt{LC}$$

Resulta así evidente que la forma de la onda de corriente obtenida es independiente del tipo de descargador en prueba.

El valor de la corriente se regula actuando sobre el valor de la tensión de carga.

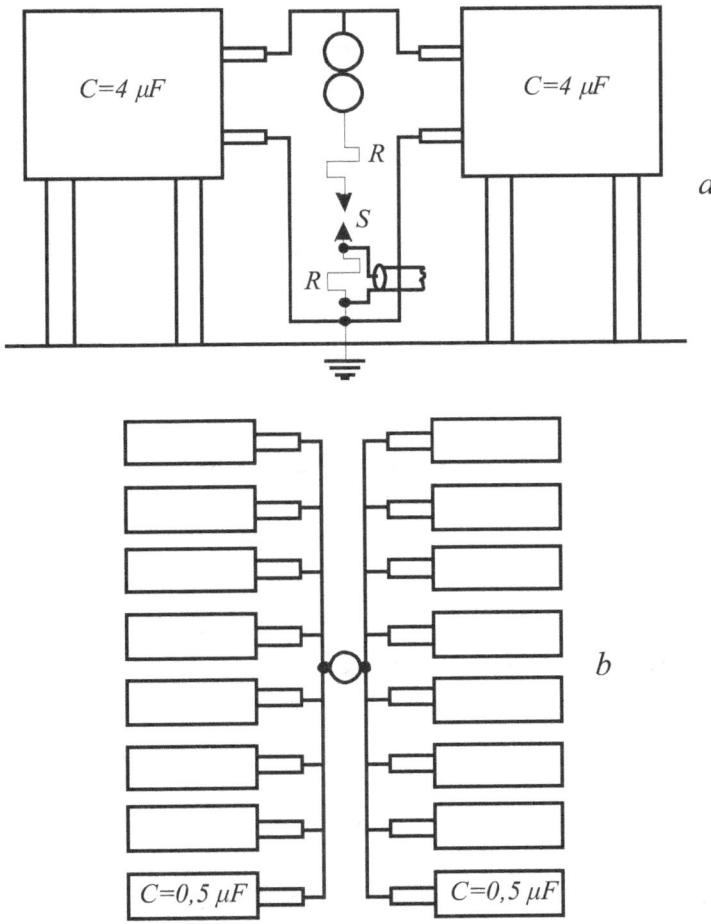

Fig. 3-9 Disposición de los elementos de un generador de impulso de corriente hasta 100 kA. a. vista de frente. b. vista en planta.

Para aclarar lo expresado hasta ahora consideremos un ejemplo numérico de un generador de 20 celdas que tiene las siguientes características:

$$= 1,4$$

$$= 2$$

La impedancia característica de la línea $\left(\begin{array}{c} - \\ - \end{array} \right.$ es igual a 6,5 Ohm y el tal caso debe ser regulado el valor de la resistencia R, puesta en paralelo con la carga.

La duración de la onda, de los datos expuestos, resulta:

$$= 2\,L\,\sqrt{L\,L} = 2100$$

En cuanto al registro de las magnitudes de la onda de corriente, es similar a los métodos usados en los generadores de impulso de tensión.

3-3.2 Disposición práctica de los elementos que constituyen un generador de impulso de corriente.

Se exponen los criterios con los cuales pueden ser dispuestos los elementos que constituyen un generador de impulso de corriente apto para el ensayo de descargadores de resistencia variable, para corriente hasta 100 kA y de forma de onda 4/10µs.

La capacidad total del generador es de 8 µF en dos secciones de 4 µF. Se utilizan 16 capacitores de 0,5 µF 100 kA de tensión máxima de carga, figura 3-9.

Las dos secciones de capacitores están dispuestas a la menor distancia posible, compatible con el nivel de aislación necesario; en este caso es de 0,6 m entre los pasantes de los capacitores.

En la disposición esquemática de la figura 3-9 resulta visible la resistencia R que representa la resistencia propia no lineal del descargador en prueba y un shunt de tipo antinductivo para el registro oscilosgráfico de la corriente.

El valor máximo de la corriente que se puede obtener es de 100 kA, cargando los capacitores a 100 kV.

El divisor omhinico antinductivo, necesario para el registro de la tensión puede ser de características similares a los utilizados en los generadores de impulso de tensión.

El shunt antinductivo para el registro de la corriente debe ser construido con extrema precaución, dado que debe presentar un valor de resistencia suficientemente bajo, prácticamente independiente de la frecuencia y con una inductancia de valor despreciable.

3-4 ENSAYO DE DESCARGADORES DE RESISTENCIA NO LINEAL.

Los ensayos de los descargadores de resistencia no lineal se realizan de acuerdo a normas vigentes.

Cuando estas normas no están especificadas se deben regir por las normas IEC respectivas.

Como todo aparato, a los fines de considerar los ensayos se subdividen en:

- Ensayos de tipo
- Ensayos de aceptación

Es necesario profundizar que para la ejecución de los ensayos de tipo se requerirán en muchos casos equipamientos muy costosos, que se encuentran a disposición solo en los laboratorios especializados y que el ensayo de tipo solo se justifica cuando resulta necesario determinar las características de un descargador de nueva concepción, verificándose la conformidad con las prescripciones de la norma.

Cuando resulte necesario realizar sobre un descargador los ensayos de tipo, se deben efectuar las siguientes pruebas:

1. Ensayo de tensión resistida a frecuencia industrial
2. Verificación de la tensión de cebado a frecuencia industrial
3. Verificación de la tensión de cebado a impulso de forma 1,2/50µs
4. Verificación de la tensión de cebado a impulso sobre el frente de onda
5. Verificación de la tensión residual
6. Ensayo de resistencia a la corriente impulsiva de larga duración
7. Ensayo de funcionamiento

Las últimas tres indicadas pueden ser efectuadas sobre elementos completos, sobre fracciones o elementos cuya tensión nominal no sea inferior a 3KV.

Para los ensayos de aceptación se deben efectuar las siguientes pruebas:

a. Verificación de la tensión de cebado a frecuencia industrial.
b. Verificación de la tensión de cebado a impulso de forma 1,2/50µs.
c. Verificación de la tensión residual a la corriente nominal de descarga.

Cuando el descargador está formado por un único elemento, los ensayos deben ser realizados sobre el descargador completo, mientras si el descargador está formado por más de un elemento destinado a ser colocado en serie, se considera suficiente efectuar la verificación sobre una fracción simple.

En la ejecución de los ensayos de tipo, es obvio que deben ser usados descargadores nuevos, montados e instalados en forma de reproducir, en la mayor forma posible, las condiciones similares a las de servicio, colocando el anillo de guarda, cuando éste sea provisto por el fabricante.

3-4.1 Ensayo de la tensión resistida a frecuencia industrial.

El ensayo debe ser considerado como de tipo y se efectúa sobre la parte externa del descargador completado, si es necesario, con el anillo de guarda, después de la colocación de la resistencia no lineal y de los explosores.

Cuando el descargador está formado por más de un elemento independiente a ser colocados en serie, el ensayo se efectúa sobre el descargador completo.

Para el ensayo se usa una tensión alterna de frecuencia industrial, de forma de onda sinusoidal.

El circuito utilizado para el ensayo es el mostrado en la figura 3-9.

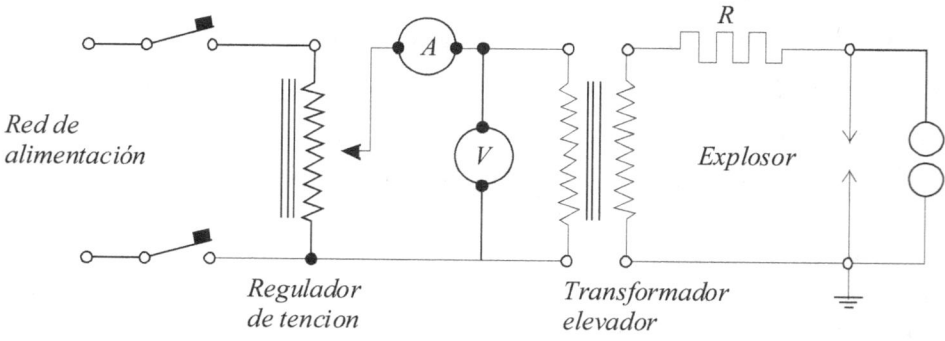

Fig. 3-10. Circuito utilizado para el ensayo de tensión resistida

La tensión de prueba debe ser aplicada entre los bornes terminales del descargador, los eventuales dispositivos de soporte deben ser conectados a la instalación de puesta a tierra.

La tensión debe ser aplicada durante el tiempo necesario para asegurar el resultado positivo del ensayo para lo cual se considera suficiente el tiempo de un minuto.

El ensayo de los descargadores destinados a funcionar en interiores se efectúa en seco; para exteriores bajo lluvia.

Las condiciones atmosféricas normalizadas son:

- Temperatura 20 °C.

- Presión atmosférica 101,3 KPa.

- Humedad absoluta 11g/m^3.

Cuando las condiciones atmosféricas en que se efectúa el ensayo no son las normalizadas deben aplicarse los correspondientes factores de corrección.

En el caso de los descargadores destinados en función a la intemperie, el ensayo debe efectuarse bajo lluvia, aplicando los mismos criterios usados para los aisladores exteriores.

La tabla 3.1 muestra las tensiones nominales de los descargadores y sus correspondientes valores de prueba según normas europeas.

Tabla 3.1 - Valores de la tensión resistida a frecuencia industrial de un descargador para ser aplicado en seco y bajo lluvia.

Tensiones nominales de las descargas (kV)	Valores de la tensión de prueba (kV)	Tensiones nominales de las descargas (kV)	Valores de la tensión de prueba (kV)
0,28	2,5	40	83
0,50	3,0	50	100
0,66	3,5	60	117
3	20	73	139
4,5	23	80	151
6	25	90	167
9	30	97	180
12	35	109	200
13	37	123	230
15	40	130	245
18	46	145	275
20	49	160	305
25	58	170	325
30	66	184	350
37	78	196	380
		210	400
		245	460

3-4.2 Verificación de la tensión de cebado a frecuencia industrial.

Para verificar la tensión de cebado se puede utilizar, en principio, el mismo circuito mostrado en la figura 3-10, dimensionando la resistencia de protección R, de forma que la corriente en el descargador no supere después del cebado los 0,7 A de cresta.

El valor de la resistencia de protección se calcula, en forma aproximada, con la relación:

$$> \frac{\sqrt{2}}{}$$

Donde V es el valor de la tensión de prueba prescripta e I el valor de la corriente tolerable.

En la ejecución de éste ensayo, el descargador debe estar completo, con todas sus partes, como si debiera ser puesta en servicio.

La tensión de prueba debe tener inicialmente un valor suficientemente bajo para evitar el cebado del descargador, por causa de los fenómenos transitorios que se presentan al cierre del circuito (por ejemplo 30% de la tensión de prueba prescripta).

El valor de la tensión debe ser aumentado lo más rápidamente posible con la exigencia de efectuar una buena lectura sobre el voltímetro en el instante en que se produce el cebado del descargador.

El tiempo, durante el cual el valor de la tensión permanece superior al valor de descarga debe ser lo más breve posible para evitar el posible calentamiento.

Para completar la verificación, la tensión de prueba debe ser aplicada por lo menos cinco veces a un intervalo de 10 a 60 segundos entre cada aplicación.

Los valores elevados deben ser muy próximos entre si dado que tal condición indica la regularidad del cebado y respecto al valor medio deberán estar dentro de $\pm$ 3%.

Durante el ensayo de aceptación y como medio de control de fabricación, puede ser útil, en el caso de descargadores de más de un elemento independiente, efectuar la verificación de la corriente de fuga a la tensión nominal. Este dato es particularmente útil en el caso de descargadores con resistores puestos en paralelo con los explosores.

Los valores medidos sobre las diferentes partes deben resultar prácticamente coincidentes, dentro de cierto porcentaje; caso contrario es probable que la diferencia sea debido a partes defectuosas.

3-4.3 Verificación de la tensión de cebado a impulso de forma 1,2/50.

Para la verificación del valor de la tensión para el seguro cebado a impulso se debe tener a disposición un generador de impulso de tensión para generar una onda normalizada de 1,2/50 μs.

La forma de onda requerida debe ser obtenida para condiciones en las cuales el descargador no cebe y para facilitar la ejecución de la prueba se admiten las siguientes tolerancias:

-   Sobre el valor de cresta ± 5%.

-   Sobre la duración convencional del frente ± 50%.

-   Sobre la duración de la cola hasta el semivalor ± 20%.

El esquema de principio del circuito que se utiliza es el mostrado en la figura 3-11, naturalmente cuando sea necesario generar impulsos de tensión de valores elevados, el generador puede estar formado por más etapas. La presencia del descargador no incide, en modo sensible sobre las características del impulso producido.

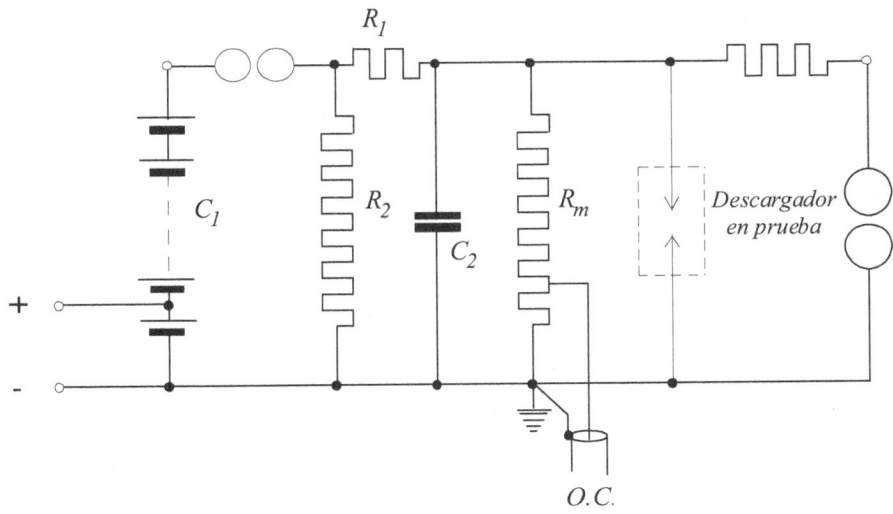

Fig. 3-11. Circuito para la verificación de la tensión de cebado a impulso.

La medición de la tensión se asegura por medio de un osciloscopio derivado del divisor de tensión. El sistema debe ser tarado por medio de un explosor a esferas.

La prueba se efectúa sobre el descargador completo de todas sus partes, aplicando los impulsos en el borne de línea y el terminal de tierra.

Se deben aplicar diez impulsos de polaridad positiva y diez impulsos de polaridad negativa con un valor de tensión de cresta establecido en las normas respectivas.

Todos los impulsos aplicados deben provocar el cebado del descargador. Se admite que uno solo de los impulsos aplicados, para cada tipo de polaridad, no provoque el cebado; en tal caso es necesario aplicar una nueva serie de diez impulsos de la misma polaridad, los cuales deben provocar, todos, el cebado del descargador.

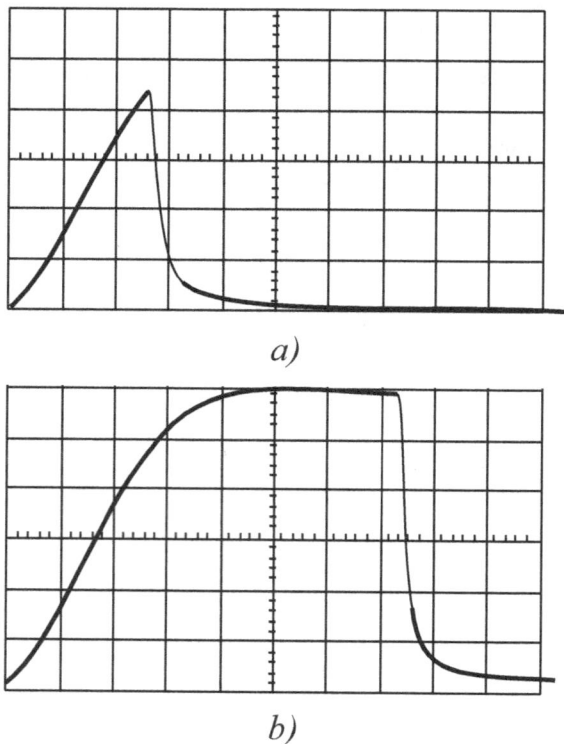

a)

b)

Fig. 3-12. Oscilogramas de la tensión aplicada al descargador. Escala de tiempo 1 μs/división. a) Cebado sobre el frente. b) Cebado sobre la cola.

Del análisis de los oscilogramas elevados de la tensión aplicada es posible determinar el instante en que se produce el corte de la onda.

Como ejemplo puede analizarse los oscilogramas de la figura 3-12.

Sobre uno, el corte se produce sobre el frente; mientras que sobre el otro se produce sobre la cola, próximo a los 7,3 µs, la escala de tiempo para ambos oscilogramas es de 1 µs/división.

Para completar la verificación se efectúa un ensayo del valor de la tensión de cebado del 50%. Se llega a este valor reduciendo la tensión en pequeños escalones hasta llegar al valor de la tensión de descarga del 50% que debe coincidir con la establecida en las normas. De diez impulsos sólo cinco deben producir el cebado.

Resulta fácil deducir que la tensión de cebado del 50% debe ser ligeramente inferior a la establecida para el cebado total.

3-4.4 Verificación de la tensión de cebado a impulso sobre el frente de onda.

La eficiencia de la protección contra sobretensiones viene determinada por la característica de cebado tensión tiempo, con particular importancia de los tiempos de orden del microsegundo.

Para los descargadores de resistencia no lineal, la característica tensión-tiempo se presenta muy apropiada, a los fines de verificar la tensión de cebado sobre el frente de la onda impulsiva, para poder examinar el comportamiento del descargador a la sobretensión derivada de una sobretensión de onda muy rápida.

La realización de este ensayo, prevee el uso de un generador de impulso adaptado para suministrar una onda de tensión con velocidad de crecimiento constante, hasta el instante de cebado, cuyo valor es dado por las respectivas tensiones nominales.

Para realizar la verificación puede ser usado el circuito de la figura 3-11; también en este caso la tensión debe ser medida por medio de un osciloscopio aceptado o un divisor de tensión previamente calibrado.

Para la verificación se aplican por lo menos 10 impulsos de polaridad negativa, alternados de polaridad positiva, determinando la tensión de cebado mediante los oscilogramas tensión- tiempo.

El valor de la tensión de cebado debe resultar para todas las pruebas, inferior al valor prescripto, sin considerar ninguna tolerancia en más.

Dado que pueden encontrarse dificultades en la obtención de las condiciones, para los cuales la velocidad de crecimiento resulte igual a la especificada o aconsejable esperar del siguiente modo:

- Se determina el valor de la tensión máxima de cebado para diferentes valores de la velocidad de crecimiento de la tensión.

- Se registran los valores obtenidos en un diagrama tensión-tiempo de cebado y se traza luego la característica tensión-tiempo.

- Partiendo del origen de la abscisa se traza una recta que tenga la pendiente correspondiente a la velocidad de crecimiento prefijada, hasta la intercepción con la nueva tensión-tiempo trazada.

- El punto de intercepción debe corresponder a un valor de tensión inferior al próximo admitido para el cebado.

Un ejemplo se muestra en la figura 3-13.

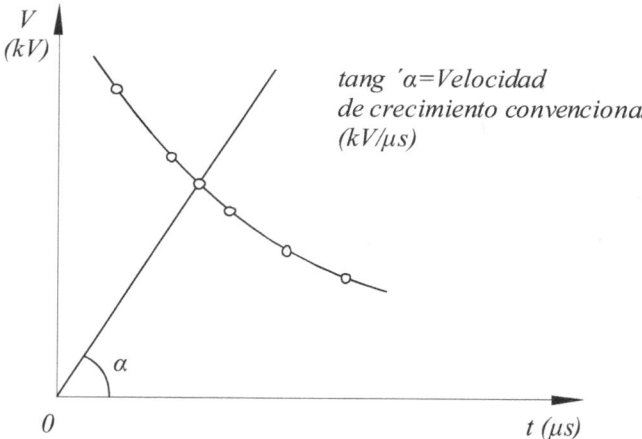

Fig. 3-13 Método gráfico para la determinación de la tensión de cebado sobre el frente de onda.

Es necesario remarcar que sobre el andamiento de la característica tensión-tiempo influye sensiblemente la polaridad de la onda, en particular la conformación geométrica de los explosores y por eso en la valoración del éxito de la verificación debe, lógicamente, tenerse en cuenta los valores más desfavorables.

Para realizar el ensayo se debe disponer de un generador de impulso que suministre una onda de tensión de forma normalizada 1,2/50μs. Ajustando inicialmente el valor de la tensión a valores inferiores a las de cebado para impulso de tensión de 1,2/50 y aumentando el valor de la tensión hasta obtener la descarga en el 50% de las aplicaciones y efectuando simultáneamente los registros en el osciloscopio.

La tensión debe ser aumentada posteriormente en escalones de 10%. En el osciloscopio se deben registrar al menos 10 impulsos, continuando el aumento de la tensión aplicada hasta que la descarga se produzca en un tiempo de 0,5µs.

Los valores máximos de tiempo de cebado obtenidos, en correspondencia a los niveles examinados, se registran en un diagrama tensión-tiempo obteniendo de tal modo la curva de la figura 3-12. El valor de la velocidad de crecimiento normalizada de la onda se obtiene de las tablas de la norma respectiva.

3-4.5 Verificación de la tensión residual.

Los descargadores de resistencia no lineal pueden ser clasificados en base al valor de la corriente nominal de descarga que puede ser de 10 - 5 - 2,5 - 1,5 kA de cresta, con una forma de onda 8/20 µs. Figura 3-3.

Para que el descargador venga definido conforme a las normas IEC es necesario que, en el caso, se establezca una corriente de amplitud y forma especificada y correspondiente al valor nominal. El valor de la tensión a los terminales del descargador debe ser inferior al valor previsto en la norma.

La verificación de la tensión residual se efectúa de acuerdo al siguiente procedimiento.

Para ensayos, el descargador, la temperatura ambiente no debe ser superar los 40°C y después de la verificación en correspondencia a la corriente nominal de descarga es aconsejable repetir la prueba. También para los valores correspondientes a 0,5 y 2 veces la corriente de descarga nominal.

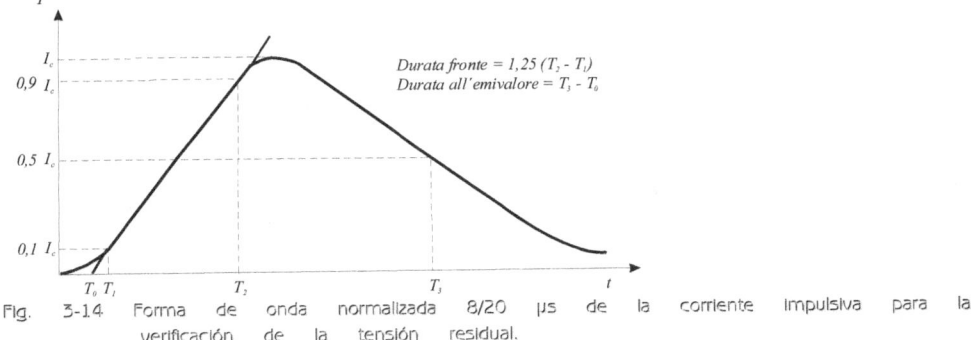

Fig. 3-14 Forma de onda normalizada 8/20 µs de la corriente impulsiva para la verificación de la tensión residual.

La verificación de la tensión residual se concreta de acuerdo al método que sigue:

Para la efectivización de la prueba, el descargador debe mantenerse a una temperatura ambiente no superior a 40 °C y después se realiza la verificación, en correspondencia con la corriente nominal de descarga, resultando aconsejable repetir la prueba también para los valores correspondientes a 0,5 y 2 veces la corriente de descarga nominal.

Durante el ensayo es necesario registrar la corriente aplicada y la tensión residual como oscilogramas de tipo mostrado en la figura 3-15. De los valores de la tensión residual y de la corriente de descarga es posible trazar la característica tensión-corriente del descargador. Figura 3-16.

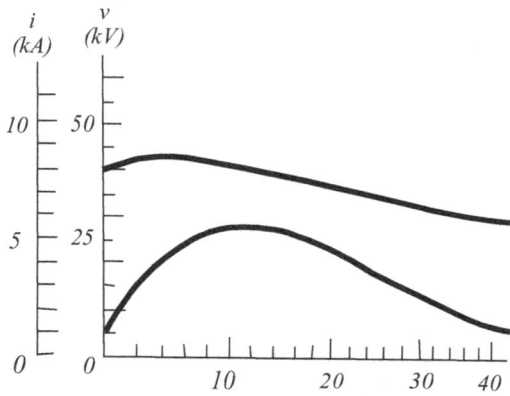

Fig. 3-15 Oscilograma de la corriente nominal y de la tensión residual.

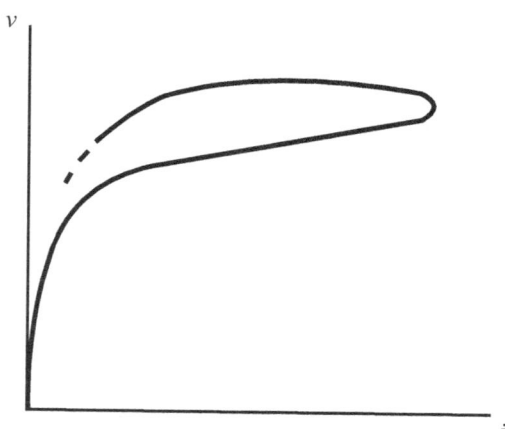

Fig. 3-16 Oscilograma que representa la característica tensión-corriente del descargador.

La característica tensión-corriente puede ser también obtenida directamente, por vía oscilográfica para la cual se registra en el eje horizontal, sobre escalas de tiempo, la magnitud proporcional y la corriente de descarga mientras que sobre el eje vertical se registra la tensión residual.

Con este método es posible obtener un oscilograma como el mostrado en la figura 3-16.

Para la ejecución del ensayo pueden ser utilizados descargadores completos, naturalmente esto puede causar notables dificultades cuando se trata de probar descargadores adaptados a las tensiones más elevadas, debiendo disponerse de un generador de impulso adaptado para estas tensiones.

En general, dado que estos descargadores son compuestos por más de un elemento iguales, colocados en serie, es posible examinar el comportamiento de un elemento simple. Lógicamente el valor de la máxima tensión residual debe ser referido a las características obtenidas del descargador elemental.

El ensayo debe ser realizado con generadores de impulso de corriente, cuya estructura y características se muestran en la figura 3-9.

El esquema básico del circuito necesario es mostrado en la figura 3-17. El capacitor indicado con C está compuesto de un cierto número de unidades conectadas en paralelo, el resistor R está conectado en serie con un miliamperímetro con el fin de determinar la tensión de carga en base a la indicación del instrumento, mediante la relación:

$Ve = Rm\,Id$

En la cual Id es el valor de la corriente indicada por el instrumento y Ve el valor de la tensión de carga.

En serie con los capacitores se ha dispuesto un explosor a esferas, que forma parte del generador y en el cual la distancia entre esferas es fácilmente regulable, una inductancia, una resistencia y el objeto en prueba, que está representado esquemáticamente por una resistencia no lineal, cuando el cebado del explosor se ha producido, las magnitudes que deben ser registradas en el osciloscopio son: la corriente que atraviesa el objeto en prueba y la tensión medida sobre sus bornes.

Para efectuar la medición de la tensión, se recurre a un divisor óhmico, del que deben ser conocidos todos los parámetros, incluida su impedancia característica a los efectos de la conexión al osciloscopio.

La medición de la corriente se efectúa indirectamente, registrando la caída de tensión provocada a los bornes del shunt, por la corriente a medir.

Aunque el shunt presenta valores de resistencia independientes del valor y de la forma de la onda de la corriente y un valor pequeño de la inductancia, es necesario recurrir a tipos constructivos particulares.

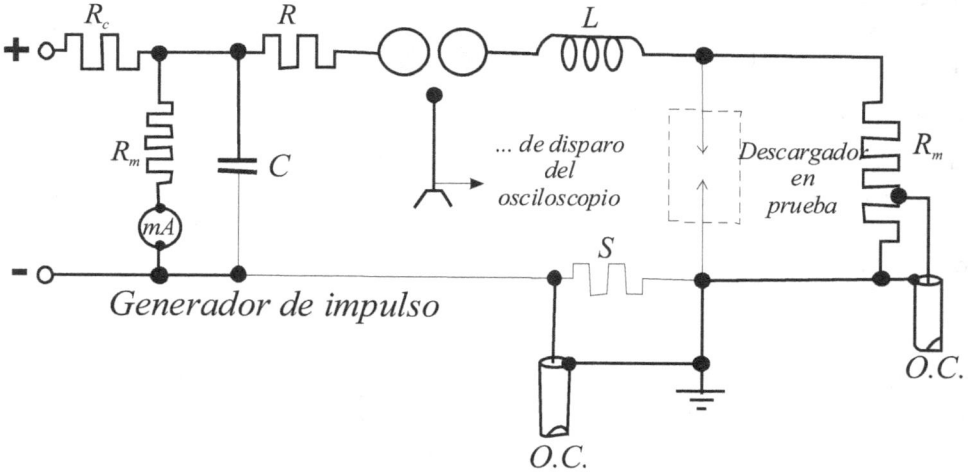

Fig. 3-17 Esquema del circuito para la verificación de la tensión residual.

Los métodos que pueden aplicarse son dos: el primero consiste en el empleo de una lámina de un material apto para la construcción de un shunt de espesor pequeño (algunos decimos de milímetro), dispuesto en forma de U, separadas por láminas de mica de reducido espesor. A los terminales deben ser previstos cuatro bornes de los cuales dos pertenecer al circuito principal de altas corrientes y los otros dos para la conexión necesaria para la medición de la tensión.

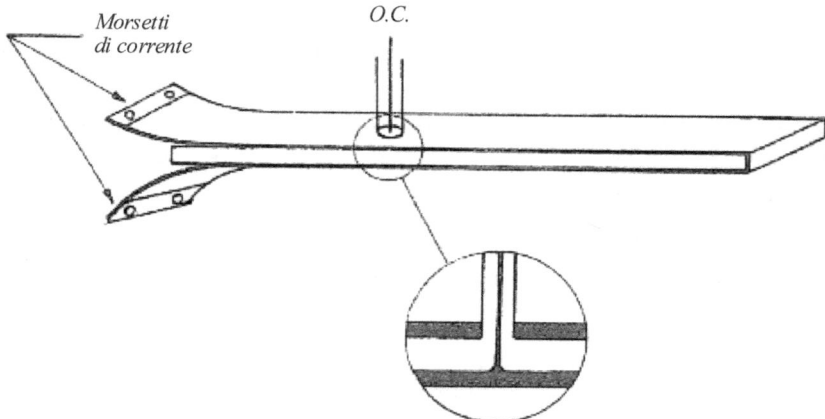

Fig. 3-18 Forma que asume un derivador para la medición de la corriente impulsiva construido con láminas de constantan o manganina.

Las láminas deben ser de una longitud de algunos centímetros. El largo depende del valor de la resistencia que se requiere para el shunt, figura 3-18.

El shunt del tipo indicado, no representa desde el punto de vista técnico la mejor solución cuando se debe operar con corrientes muy intensas y con el frente de onda muy rápido. Se recurre por ello a un segundo método adoptando un shunt de tipo tubular, que permite obtener una mejor respuesta, figura 3-19.

Con relación al procedimiento para el registro de los oscilogramas pueden utilizarse los métodos conocidos para generadores de impulso de tensión, los mismos que para la sincronización del disparo de la base de tiempos.

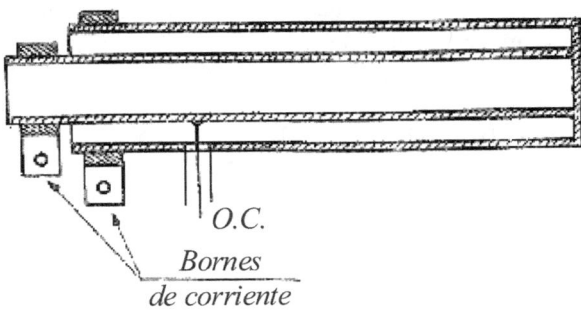

O.C.

Bornes
de corriente

Fig. 3-19 Forma que asume un derivador para la medición de corrientes impulsivas, construido con tubos de ....

Sobre el oscilograma, es aconsejable registrar también la señal de una frecuencia patrón, a los efectos de establecer una escala de tiempos.

La forma de la onda convencional de la corriente usada en este ensayo es del tipo 8/20, es decir la duración del frente es de 8μs y la duración de la cola de 20μs.

Sobre los valores convencionales de la onda son admisibles las siguientes tolerancias:

- $\pm$ 10% sobre el valor de la cresta.

- $\pm$ 10% sobre la duración convencional del frente de onda.

- $\pm$ 10% sobre la duración de la cola.

Para el ensayo pueden ser usados, independientemente, impulso de polaridad positiva o negativa.

Para obtener la forma de onda convencional, que debe ser aperiódica y no presentar oscilación de polaridad opuesta, es necesario regular los valores de capacidad, inductancia y resistencia del circuito de principio mostrado en la figura 3-17.

La puesta a punto debe ser hecha por vía experimental, también, porque la resistencia no lineal no define con seguridad el comportamiento del circuito; de igual manera hay que tener en cuenta que la resistencia no lineal del descargador facilita el amortiguamiento de las oscilaciones de polaridad opuesta.

Una vez fijados los parámetros del generador, el valor de la cresta de la corriente se regula variando la tensión de carga, aunque la proporcionalidad entre la tensión de carga y la corriente no sea directa, por la presencia de la resistencia no lineal.

Para tener una idea aproximada de la magnitud de los parámetros de los parámetros en juego tomamos algunos datos relevados durante el ensayo de un descargador para tensión de 17 kV con una corriente de descarga de 10 kA.

- Capacidad del generador 2 μF.

- Resistencia, incluida la no lineal 2,5 Ohm.

- Inductancia 30 μH.

- Tensión de carga para la corriente de 10 kA: 100 kV.

- Tensión residual 70 kV.

Para la concreción del ensayo es necesario antes de todo calibrar el circuito respecto a la amplitud de la corriente y de las características, operando eventualmente sobre un ejemplar de descargador de similar característica al que se ensayará.

El resultado del ensayo, se considera favorable cuando no se verifican interrupciones bruscas sobre la onda de la tensión residual o bruscos aumentos sobre la onda de corriente. Naturalmente el valor de la tensión residual no debe superar el valor prescripto.

3-4.6 Ensayo de resistencia a las corrientes impulsivas de gran amplitud y corta duración.

Este es un ensayo de tipo y tiene por finalidad verificar si el descargador está en condiciones de soportar corrientes de tipo impulsivo más intensas que la nominal de descarga y de breve duración.

Los valores y las características de los impulsos de corriente a ser aplicados está en función de la corriente de descarga y tabulados de acuerdo a las normas respectivas. La ejecución del ensayo puede resultar dificultosa, si se debe operar sobre descargadores completos adaptados para tensiones nominales de valores muy elevados, pero, como en general estos aparatos están constituidos por más de un elemento conectados en serie, el ensayo puede ser efectuado con plena validez sobre un elemento simple.

En el caso en que sobre los descargadores elementales no se pueda aplicar la corriente de prueba, se puede realizar el ensayo sobre bloques de resistencia no lineal verificando sucesivamente el comportamiento de los explosores, disponiéndolos en un contenedor en el cual se puedan lograr condiciones de montaje análogas a las de montaje normal.

Este ensayo debe ser efectuado sobre elementos nuevos, que no hayan sido sometidos a otras pruebas, excepto la tensión de cebado a frecuencia industrial.

El esquema del circuito es el mismo que el indicado para la verificación de la tensión residual.

También en este caso, la presencia de la resistencia no lineal impide llegar a resultados concretos. La puesta a punto del circuito se hace por tentativas, utilizando bloques de resistencia auxiliares.

A título ilustrativo podemos señalar que, mediante un generador de una capacidad de 8F, del tipo citado se puede obtener una corriente de carga de 100 kA, de forma normal 4/10, poniendo en serie una inductancia de 1 a 2μH.

Las normas IEC admiten sobre los valores de la corriente de cresta de la corriente de prueba y sobre sus parámetros las mismas tolerancias indicadas para la verificación de la tensión residual.

En la figura 3-20 se representa un oscilograma en el cual se ha registrado la forma de onda de la corriente de carga y de la tensión residual.

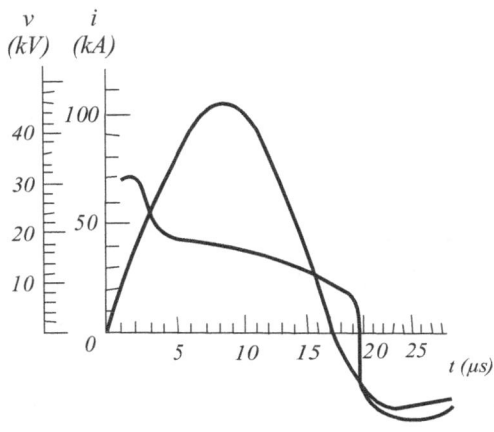

Fig. 3-20 Oscilograma de la tensión residual y corriente de

carga.

El procedimiento a seguir en el ensayo es el mismo indicado para el caso anterior, lo mismo en este caso para el registro oscilográfico de la corriente de descarga y la tensión residual, aunque esta última no sea objeto de garantía.

Los resultados del ensayo pueden ser evaluados. El primer análisis, de la observación de los oscilogramas registrados y eventualmente en base a cualquier manifestación externa, en especial cuando el ensayo se realiza sobre bloques elementales, sobre los cuales pueden verificarse descargas superficiales o fracturas cuya presencia puede ser fácilmente detectada a simple vista.

En necesario verificar si el conjunto de explosores no han sufrido daños, lo que se logra mediante la aplicación de una tensión de frecuencia industrial.

Es bueno recordar que los descargadores utilizados en este ensayo no deben utilizarse para otras pruebas ni pueden ser puestos en servicio.

3-4.7 Ensayo de resistencia a la corriente impulsiva de larga duración.

En las redes eléctricas pueden generarse sobretensiones de origen interno con características tales que pueden poner en peligro la integridad de los descargadores de resistencia no lineal.

Si en el descargador, por un motivo cualquiera, se produce el cebado de los explosores y la tensión en los bornes se mantiene a un valor suficientemente elevado que no permite el descebado en el paso por cero, de la tensión de frecuencia industrial, la corriente que se establece en el descargador, aunque de valor pequeño, es suficiente en el tiempo para producir, por efecto térmico, la destrucción del descargador.

El tipo de sobretensión a que nos hemos referido es generalmente transitorio a frecuencias mayores que la nominal de la red.

El ensayo de resistencia de las corrientes impulsivas de larga duración, es de amplitud reducida, tiene por finalidad garantizar una corta funcionalidad del descargador en las condiciones consideradas.

La onda de corriente debe ser de forma prácticamente rectangular con una duración que está en función de la corriente nominal de descarga.

Sobre los valores de cresta de la corriente son admisibles tolerancias hasta el 20% en más, sin tolerancia en menos.

Con el mismo concepto y con el mismo valor porcentual es fijada la tolerancia para la duración de la onda.

El esquema de principio para el circuito necesario en el ensayo, es mostrado en la figura 3-21.

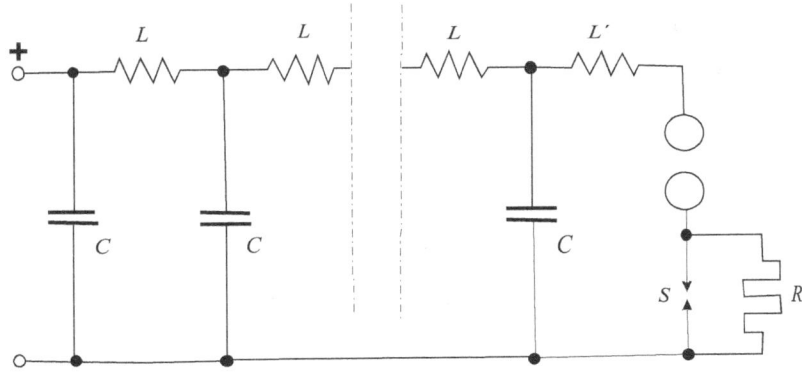

Fig. 3-21 Esquema del circuito para el ensayo de resistencia a las corrientes impulsivas de larga duración.

El ensayo debe ser realizado sobre tres ejemplares completos, o eventualmente sobre descargadores elementales, aplicando sobre cada uno 20 impulsos, siguiendo la modalidad que se ha indicado.

El número de los impulsos fijados, se aplica en cinco series de cuatro descargas cada una. Después de las descargas de la misma serie se debe intercalar un intervalo de tiempo de 50 a 60 segundos, mientras que la simple serie deben ser aplicadas a intervalos de 14 a 15 minutos.

Durante el ensayo se deben registrar la tensión residual y la corriente de descarga, observando en particular las eventuales diferencias entre los primeros y los últimos impulsos. La sincronización del desenganche de la base tiempo, se logra por métodos mencionados en otros ensayos.

En la figura 3-22, se muestran los oscilogramas típicos de las tensiones residuales y de la corriente de descarga.

Los resultados de la prueba son evaluados por la comparación del primer oscilograma registrado para la tensión residual con el último de la misma especie.

Naturalmente, los resultados pueden ser definidos como favorables cuando para la misma onda de corriente se registran resultados prácticamente iguales, es decir cuando las tensiones residuales registran al inicio y la final del ensayo, resultados de la misma amplitud y de la misma forma.

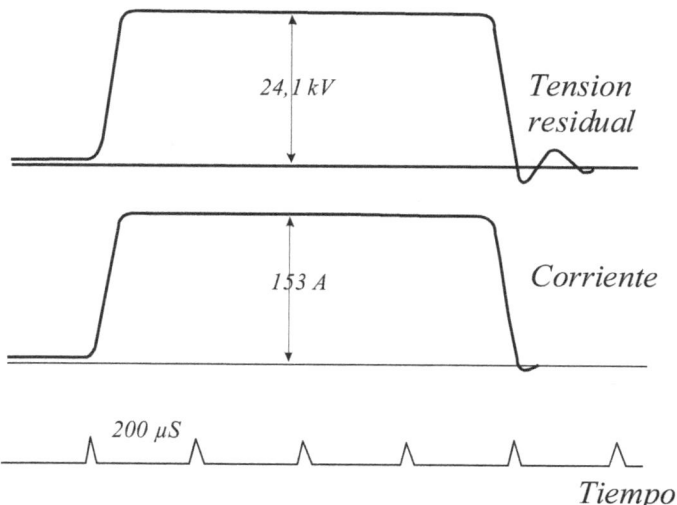

Fig. 3-22 Oscilogramas de la tensión residual y la corriente de descarga.

Para la ejecución del ensayo se usan generadores de impulso de corriente como los ya descriptos y el valor de la corriente se regula actuando directamente sobre el valor de la tensión de carga. En este caso la presencia del descargador en prueba no altera en modo sensible, las características de la onda de corriente, porque en paralelo con esta debe ser puesto un resistor (R) del mismo orden de magnitud de la impedancia característica de la línea de retardo.

3-4.8 Ensayo de funcionamiento.

En condiciones normales de funcionamiento de la red, el descargador debe comportarse como un aislador. Cuando se presentan condiciones anormales debidas a ondas de sobretensión de origen atmosférico, debe descargar a tierra la corriente, retornando a su estado inicial después de haber interrumpido la corriente de fuga a frecuencia industrial en el tiempo más breve posible.

El ensayo de funcionamiento se realiza en condiciones convencionales que representa los valores de servicio y tiene como finalidad verificar el comportamiento del descargador.

El ensayo es considerado de tipo y debe ser concretado sobre tres descargadores que pueden representar las partes elementales de un ejemplar destinado a funcionar sobre el circuito de alta tensión.

Esta posibilidad conduce a una observación fundamental, en cuanto, siendo difícil establecer la repartición de la tensión a frecuencia industrial entre los elementos colocados en serie que forman el descargador, permite concluir que la tensión a frecuencia industrial aplicada durante el ensayo puede ser diferente a la que resulta de dividir la tensión nominal del descargador completo por el número de los elementos en serie que forman.

Un análisis de la distribución de la tensión puede ser hecho antes del ensayo con el objeto de obtener un valor muy próximo al real.

Naturalmente, el ensayo de funcionamiento debe ser precedido de la verificación del valor de la tensión de cebado a frecuencia industrial y de la tensión residual a la corriente de descarga nominal.

El descargador, o elemento del descargador en prueba, debe ser conectado a frecuencia industrial, cuyo valor sea comprendido entre 48 y 62 Hz.

El valor de la impedancia de corto circuito del sistema de alimentación debe estar comprendido dentro de los límites tales, que durante el paso de la corriente de fuga, el valor de cresta de la tensión medida a los bornes del descargador, no debe resultar menor que el valor de cresta de la tensión nominal del aparato en ensayo o a una fracción de éste, si se trata de un elemento simple en serie; en otras palabras, después de la interrupción de la corriente de fuga, la tensión alterna no debe superar en más de un 10% el valor de cresta de la tensión nominal.

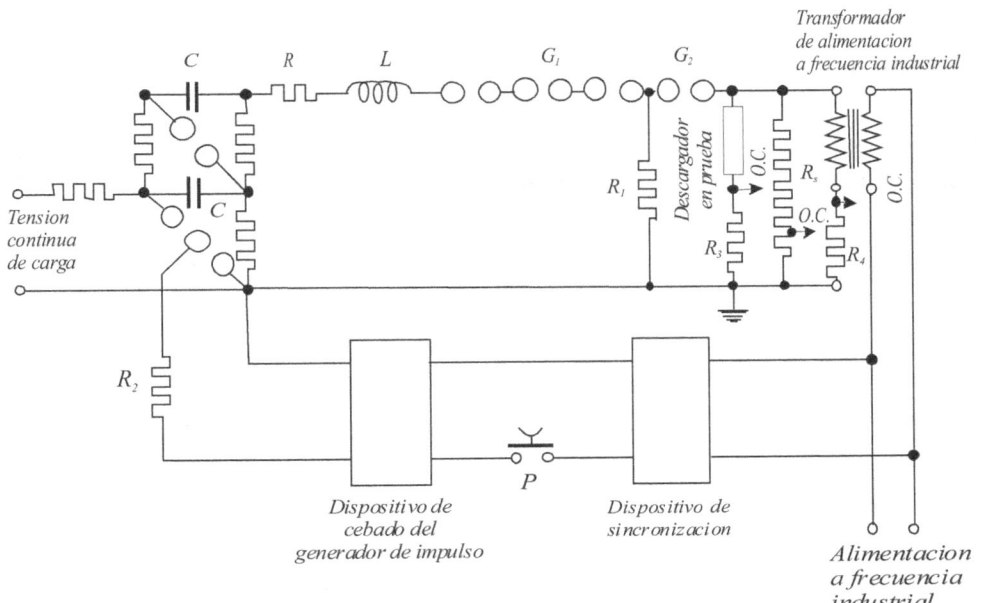

Fig. 3-23. Circuito para el ensayo de funcionamiento

Es necesario remarcar que esta tolerancia es al sólo efecto de poder utilizar, para el ensayo, una instalación de potencia razonable y no significa de hecho que el descargador pueda ser utilizado en servicio, para una tensión nominal de valor superior al previsto.

Durante el ensayo, el descargador debe ser colocado a través de explosor, a un generador de impulso de corriente en grado de suministrar la corriente nominal de descarga con onda 8/20.

En la práctica, el ensayo se realiza utilizando el circuito de la figura 3-23.

El generador de impulso debe ser regulado de modo que el impulso de tensión que se aplica sobre el descargador, para provocar el cebado, no tenga un frente muy rápido, no superando en todos los casos la velocidad de crecimiento de la tensión superior a la admitida para la prueba de cebado sobre el frente de la onda.

Se debe sincronizar el disparo del impulso en forma que sea aplicado al descargador en prueba, un valor bien determinado de la fase de la tensión alterna a las terminales del descargador. Inicialmente el impulso será aplicado 6θ antes que la tensión alterna alcance el máximo de la misma polaridad del impulso.

Mediante pruebas preliminares se puede lograr que la corriente de fuga se establezca en forma continua.

La fase debe ser modificada de $10°$ a la vez respecto al máximo de la tensión, hasta que la corriente de fuga se mantenga en forma estable.

Obtenido el valor de desfasamiento adoptado. Se inicia el ensayo aplicando 20 impulsos, los cuales, todos deben provocar una corriente de fuga estable.

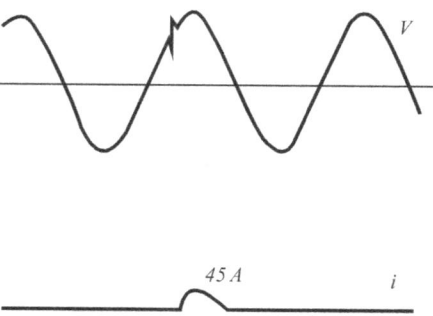

Fig. 3-24. Oscilogramas registrados durante un ensayo de funcionamiento.

Los impulsos prescriptos deben ser aplicados, subdivididos en cuatro series de quince impulsos cada una, con intervalos entre cada una de las series de 50 a 60 segundos.

Entre una serie y la siguiente es necesario hacer un intervalo de 20 a 25 minutos.

En base a las prescripciones de las normas es suficiente registrar los oscilogramas de la tensión alterna y de la corriente de fuga, por lo menos una vez para cada grupo de cinco impulsos; sin embargo es aconsejable para obtener un análisis completo del comportamiento del descargador, efectuar un registro para cada impulso aplicado. En la figura 3-24 se han registrado los oscilogramas obtenidos durante un ensayo de funcionamiento.

Con respecto a la corriente impulsiva, esta puede ser registrada durante el ensayo o en ocasiones de los impulsos preliminares de puesta a punto; al aplicarlos al descargador sin la presencia de la tensión alterna.

Los resultados del ensayo pueden ser considerados favorables si se verifican las siguientes condiciones:

- El descargador debe interrumpir la corriente de fuga después de cada descarga, verificado al respecto sobre cada oscilograma.

- Al final del ensayo y después que el descargador haya tomado una temperatura próxima a la del ambiente, se repetirán los ensayos para la determinación de la tensión de cebado a frecuencia industrial y de la tensión residual como la modalidad indicada. El valor de la tensión de cebado a frecuencia industrial no debe apartarse de $\pm$ 10% del valor precedentemente medido, mientras que el de la tensión residual no debe registrar una variación mayor de$\pm$ 8%.

  La forma de la onda de la tensión residual registrada no debe mostrar indicaciones de perforación o de descargas externas, relativas también a los elementos parciales de la resistencia no lineal.

3-5 ENSAYO DE DESCARGADORES DE OXIDO DE ZINC.

La característica que diferencia a los descargadores de oxido de zinc respecto de los de carburo de silicio es que los primeros no tienen explosor. Por este motivo no es aplicable a los descargadores de oxido de zinc el concepto de tensión de cebado.

Resulta más lógico el concepto de nivel de protección.

Para ensayo de los descargadores de oxido de zinc son aplicables los métodos y procedimientos usados en los descargadores de carburo de silicio con excepción de los relativos a las tensiones de cebado. Los ensayos más importantes son los siguientes:

a. Ensayo de aislación externa del descargador.

b. Ensayo de verificación de la tensión de referencia.

c. Ensayo de tensión residual con impulso atmosférico.

d. Ensayo de tensión residual con impulso de maniobra.

e. Ensayo de tensión residual con impulso escarpado de corriente.

f. Ensayo con impulso de corriente de larga duración.

g. Ensayo de funcionamiento con impulso atmosférico.

h. Ensayo de funcionamiento con impulso de maniobra.

3-5.1 Ensayo de la aislación externa del descargador.

Este ensayo debe ser considerado de tipo y se efectúa sobre la parte externa del descargador completo. Si es necesario, con el anillo de guarda después de la colocación de la resistencia no lineal.

Para este ensayo se utilizan los mismos métodos y equipos utilizados para los descargadores de carburo de silicio.

Ensayo de verificación de la tensión de referencia.

La tensión de referencia de cada descargador será medida a la corriente de referencia seleccionada por el fabricante.

La tensión de referencia mínima del descargador a la corriente utilizada para los ensayos será especificada y publicada en los datos del fabricante.

El circuito utilizado para este ensayo es el que muestra la figura 3-25.

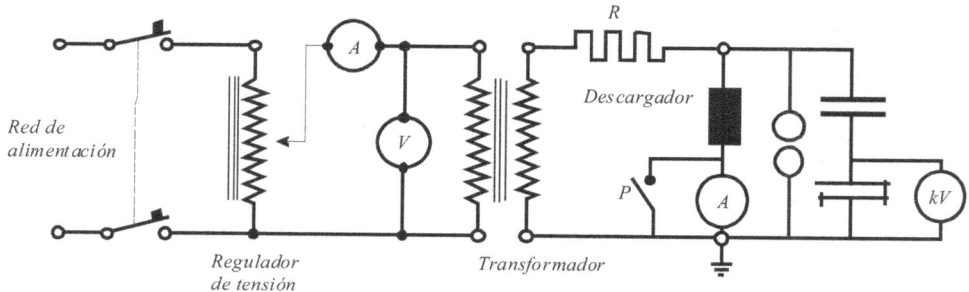

Fig. 3-25 Circuito para el ensayo de verificación de la tensión de referencia.

La corriente de referencia se ajusta variando la tensión por medio del regulador de tensión y una vez alcanzado el valor prescripto, se mide la tensión de referencia con un voltímetro de alta impedancia de entrada, conectado a través de un divisor de tensión capacitivo. El interruptor P actúa como elemento de protección ante una eventual falla de la conexión a tierra; debe permanecer cerrado y solo se lo abre en el momento de efectuar la medición.

3-5.2 Ensayo de la tensión residual con impulso atmosférico.

El propósito del ensayo de tipo de tensión residual es obtener los datos necesarios para verificar la tensión residual máxima. Esto incluye el cálculo de la tensión de la relación entre las tensiones residuales a las corrientes de impulso especificadas y el nivel de aislación verificado en los ensayos de rutina. Este último nivel puede ser la tensión de referencia a la tensión residual a una corriente de impulso atmosférica adecuada dentro de la gama 0,01 a 2 veces la corriente de descarga nominal, de acuerdo al procedimiento elegido para el ensayo.

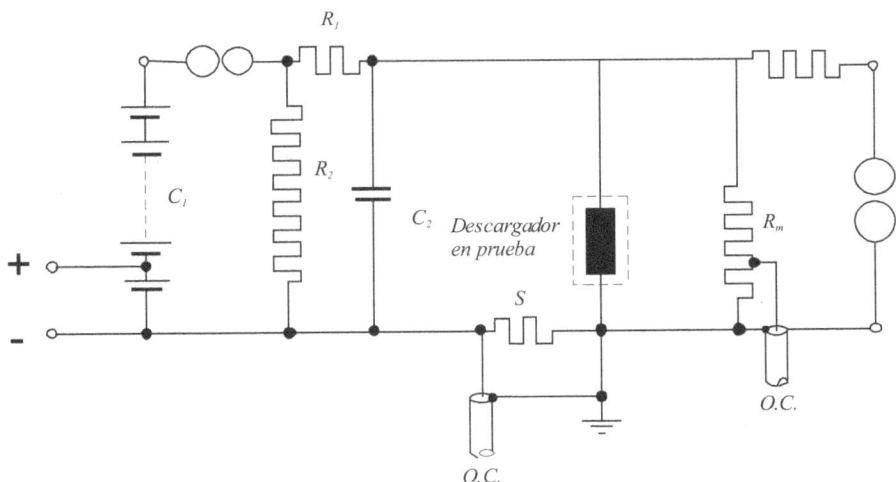

Fig. 3-26 Circuito utilizado para el ensayo de tensión residual con impulso atmosférico.

La figura 3-26 muestra el circuito establecido para el ensayo de tensión residual con impulso atmosférico. Primeramente se ajusta la corriente de descarga al valor determinado, utilizando el método de tanteos previos, variando la tensión de carga del generador. La medición de la corriente se logra por medio de los oscilogramas obtenidos a través del shunt S.

Con el valor de la corriente de descarga especificado se aplica una serie de impulsos, cuyo número depende de la norma que se considere, dejando un tiempo suficiente entre descargas como para permitir que los especímenes se enfríen hasta aproximadamente la temperatura ambiente.

La tensión residual máxima se determina por medio de los registros oscilográficos y por medio del divisor resistivo Rm ó usando otros métodos.

Todos los ensayos de tensión residual se realizan sobre los tres mismos descargadores completos o bien, sobre las mismas tres secciones respectivas de los tres descargadores completos.

3-5.3 Ensayo de la tensión residual con impulso de maniobra.

Los descargadores de oxido de zinc son aptos para funcionar con sobretensiones de maniobra, por eso deberán verificarse el comportamiento de la resistencia no lineal a este tipo de solicitación. En el ensayo, en lugar de usar el impulso atmosférico se aplica el impulso de maniobra normalizado. Figura 3-27.

El impulso de maniobra normalizado por las recomendaciones de la Comisión Electrotécnica Internacional tiene un tiempo de frente de 250μs y un tiempo de cola de 2500 μs, con formas alternativas de 100/2500 μs y 500/2500 μs. La tolerancia en el valor de la tensión pico es de ± 3%, sobre el tiempo de frente de ± 20 % y sobre el tiempo de cola de ± 60%.

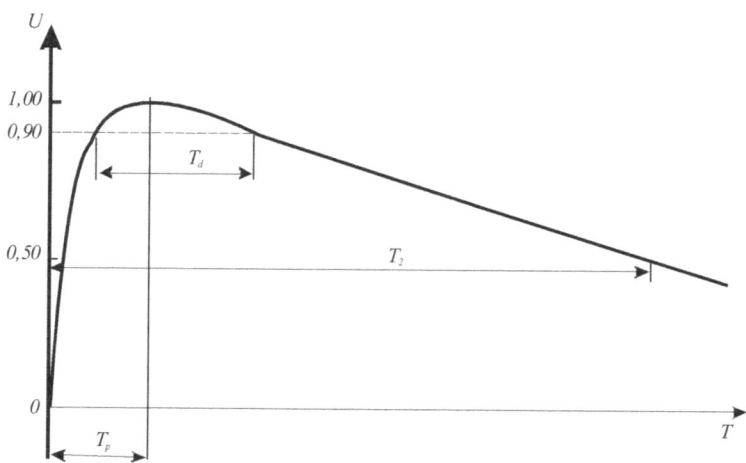

Fig. 3-27 Forma de onda del impulso de maniobra según recomendaciones de la Comisión Electrotécnica Internacional.

Para obtener un impulso de tensión unidireccional se han desarrollado diversos circuitos. En principio estos circuitos son un generador de impulso apto para generar una tensión de impulso de diferentes formas de onda, variando los parámetros del circuito de descarga.

Un circuito básico usado para generar impulsos de maniobra es el de la figura 3-28. La duración del tiempo de frente de onda varía de 2µs a 300 µs con un tiempo de cola selectivamente largo, obtenido seleccionando varias combinaciones de los componentes del circuito.

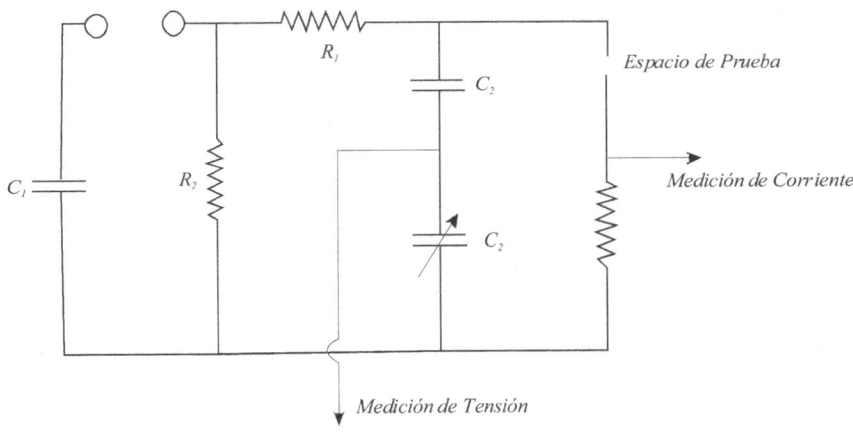

Fig. 3-28 Circuito básico de un generador de impulso de maniobra.

La fuente de tensión de un generador de impulso multietapas, para forma de onda 1,2/50, puede ser adaptada para generar impulsos de maniobra. Los diversos valores de la resistencia R_1 se obtienen cambiando únicamente la resistencia de frente externa del generador. Los valores diversos de R son obtenidos modificando la resistencia de cola de las primeras etapas del generador.

Este circuito tiene la desventaja que la tensión de salida es fuertemente reducida por el alto valor de la resistencia en serie.

Otro circuito diseñado para obtener elevados picos de tensión es el de la figura 3-29. En este método el capacitor de la fuente Cs se descarga, a través del arrollamiento de baja tensión de un transformador de potencia. La alta tensión final del transformador se conecta a la capacitancia de carga C en paralelo con la resistencia R del divisor de potencial. Luego, por la acción del transformador se obtiene un impulso de maniobra de gran amplitud.

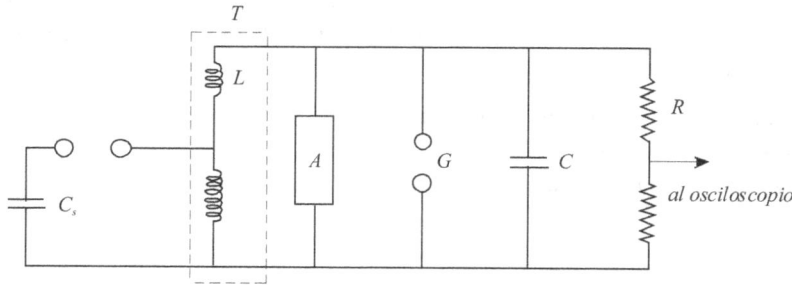

Cs   Fuente del generador
C   Carga capacitativa
R   Resistencia del divisor de potencial
A   Aparato en prueba
G   Esferas de medición
T   Transformador de potencia
L   Inductancia efectiva del transformador
     referida al arrollamiento de alta tensión

Forma de Onda de Tension

Fig. 3-29 Circuito para generar impulsos de maniobra.

3-5.4 Ensayo de tensión residual con impulso escarpado de corriente.

Este ensayo se realiza aplicando al descargador un impulso de corriente de forma de onda 8/20 mostrado en la figura 3-14. El circuito que se usa para el ensayo es el de la figura 3-17.

El procedimiento para el ensayo y para la evaluación de los resultados es el mismo utilizado para los descargadores de carburo de silicio, teniendo presente que en este caso no existe el explosor.

3-5.5 Ensayo con impulso de corriente de larga duración.

El ensayo se realiza con el circuito de la figura 3-21 y con la onda mostrada en la figura 3-22.

El procedimiento para el ensayo es similar al que se utiliza para los descargadores de carburo metálico como así también el método de evaluación.

3-5.6 Ensayo de funcionamiento.

Para el ensayo de funcionamiento se utiliza el circuito de la figura 3-23 y siguiendo el procedimiento allí especificado. Los impulsos de tensión que se aplicarán pueden ser impulsos atmosféricos o impulsos de maniobra. Para la evaluación de los resultados, en lugar de la tensión de cebado, se deben tener en cuenta la tensión de referencia.

Durante el ensayo el descargador debe ser conectado a un generador de impulso de corriente en grado de suministrar la corriente nominal de descarga con onda 8/20.

CAPITULO IV.
CABLES PARA TRANSPORTE DE ENERGÍA.

4-1 GENERALIDADES.

Se define como cable al conjunto formado por uno o más conductos aislados entre sí, provisto de recubrimiento protector.

Como es posible deducir de la definición, la denominación de cable se extiende a un gran número de productos usados para el transporte de la energía eléctrica, de modo que la técnica de los ensayos a seguir sobre los cables constituye una materia muy compleja, teniendo en cuenta sobre todo, los constantes progresos tecnológicos que se realizan en este campo.

Un primer criterio de simplificación para el estudio de las características de un tipo dado de cable, se basa sobre dos líneas esenciales que se refieren a los materiales usados para la fabricación y del valor de la tensión de funcionamiento prevista.

Con relación a las características constructivas los cables pueden ser definidos entre ellos por:

- Tipo de materiales conductores.

- Naturaleza y calidad del aislante empleado en la construcción.

- Tipo de vaina externa.

- Tipo de vaina protectora.

- Número de conductores.

- Conformación de los conductores.

Además de estos parámetros, los cables pueden diferir entre si por la sección de los conductores en función de la corriente a transportar, y también por el espesor del aislante en función de la tensión de servicio.

La clasificación más común de los cables se basa en el tipo de aislante empleado en la construcción, de modo que a grandes líneas, los cables, normalmente usados, pueden ser subdivididos en:

- Cables aislados en papel impregnado.
- Cables aislados con goma.
- Cables aislados con materiales termoplásticos.

Para un determinado tipo de cable, los procesos de fabricación y la calidad de los materiales pueden ser bien definidos y fácilmente construidos de forma de obtener una continuidad de productos eficientes.

4-1.1 Cables aislados con papel impregnado.

El cable aislado con papel impregnado es, sin duda, el más importante en el orden histórico entre los tipos de productos, por cuanto ha constituido una de las primeras soluciones adoptadas para el transporte de energía con cables subterráneos; se vienen empleando largamente sobre sistemas de baja, media y alta tensión e interesa todo el campo de aplicación.

El conductor del cable es generalmente de cobre y raramente de aluminio, y constituido por conductores cableados con el objeto de obtener una cierta flexibilidad.

En general, el cableado está formado por un conductor central de forma redonda sobre el cual se coloca una hélice de seis conductores idénticos.

4-1.2 Cables aislados con goma.

Los cables aislados con goma se emplean en las instalaciones de baja tensión o en algunos casos para instalaciones cuya tensión no supera el kilovolt.

Mientras el conductor cableado es en un todo similar a aquellos aislados en papel, para los cables aislados en goma es necesario que los conductores de cobre sean cubiertos por una delgada capa de estaño a los fines de evitar el deterioro del conductor y del aislante provocado por la reacción química entre el cobre y el azufre de la goma.

El aislante está constituido por una vaina de caucho natural o sintético con otras sustancias y se usa después de la vulcanización. No es admisible el uso de goma pura, dado que en estado natural, no es vulcanizable.

Se usa mucho la goma sintética por la facilidad que presenta para el proceso de vulcanización, además de presentar características físico-químicas muy similares a la goma natural aunque la goma sintética no tiene una composición análoga a la goma natural.

Los materiales aislantes vienen puestos sobre los conductores para la formación de los tubos, siguiendo dos métodos fundamentales, por vulcanización o por estrucción.

4-1.3 Cables aislados con materiales termoplásticos a base de policloruro de vinilo.

El policloruro de vinilo es una resina termoplástica usada para el revestimiento de conductores destinados a ser usados en baja tensión.

Las pérdidas eléctricas de los materiales termoplásticos de un poder aislante medio, son el factor limitante para el uso en tensiones no superiores a los 600 V, aunque se producen varios aislantes de policroruro de vinilo aptos para ser usados en tensiones alternas hasta 15 kV.

En general, el material conductor es el cobre, simple para secciones pequeñas y cableado para sección grande.

El material aislante es colocado sobre el conductor por estrucción y según el uso que se le asigne, al conductor se requieren al material mismo cualidades diferentes.

4-2 ENSAYOS DE CABLES.

Los criterios, en base a los cuales se realizan los ensayos de los cables destinados al transporte de la energía eléctrica son determinados teniendo en cuenta varias consideraciones. Las definiciones relativas a los ensayos establecidas por normas internacionales son las siguientes.

4-2.1 Ensayos de rutina.

Son los realizados por el fabricante sobre todos los largos de cables para demostrar la integridad del cable. Por convenio previo haciendo referencia a resultados de un método de control de calidad, puede ser reducido el número de largos de cable terminado sobre los cuales deben realizarse estos ensayos. Los ensayos de rutina son:

- Medición de la resistencia eléctrica de los conductores.

- Ensayo de descargas parciales.

- Ensayo de tensión.

4-2.2 Ensayos especiales de muestreo.

Son los realizados por el fabricante sobre muestras de cables completos o componentes tomados de un cable completo, a una frecuencia especificada, de manera de verificar que el producto terminado completa las especificaciones de diseño. Estos ensayos son:

- Examen del conductor.
- Verificación de las dimensiones.
- Ensayo eléctrico.
- Alargamiento en caliente.
- Resistencia al pelado.
- Estado de reticulación de las capas semiconductoras.
- Factor de pérdida (tan δ) en función de la tensión.
- Resistencia de aislación a temperatura ambiente.
- Tracción y alargamiento antes y después del envejecimiento de la envoltura.
- Ensayo de presión a alta temperatura.
- Choque térmico.
- Resistencia al ozono.
- Cavidades y contaminantes.

4-2.3 Ensayos de tipo.

Son los realizados por el fabricante antes de la comercialización de un tipo de cable fabricado según la norma correspondiente, a fin de demostrar características de comportamiento satisfactorias para cumplir la aplicación para la que está destinado.

Estos ensayos son de una naturaleza tal que, después de le ejecución no es necesario repetirlos, salvo que se hagan cambios en los materiales o diseño del cable que pudieran modificar las características de comportamiento. Estos ensayos serán realizados por única vez. Cuando el proveedor posea un protocolo certificado por entidad competente reconocida por el comprador, no se exigirá la ejecución de estos ensayos.

Los ensayos eléctricos de tipo son:

- Ensayo de descargas parciales.
- Ensayo de doblado seguido de ensayo de descarga parcial.
- Medición de la tan δ como una función de la tensión y medición de capacitancia.

- Medición de la tan δ como una función de la temperatura.

- Ensayo de ciclo de calentamiento, seguido de ensayo de tensión a frecuencia industrial.

- Ensayo de alta tensión en corriente alterna.

4-3. MÉTODOS USADOS EN LOS ENSAYOS DE CABLES.

La descripción y análisis de todos los ensayos de cables mencionados excede el alcance previsto para esta publicación y por ello solo analizaremos los métodos que resulten de mayor interés, tanto en lo técnico como en lo práctico.

4-3.1 Medición de la resistencia eléctrica.

La medición de la resistencia óhmica de los conductores y de las protecciones, cuando existen, se efectúan generalmente con métodos de puente por la facilidad y rapidez con que se efectúa esta medición, usando, de acuerdo al valor de la resistencia, el puente de Wheatstone o el puente de Kelvin.

En general el uso del puente de Kelvin es indispensable cuando se presume que el valor de la resistencia a medir es inferior a un ohm.

La medición se debe efectuar sobre todos los conductores que forman parte de la muestra a ensayar, es decir:

- Conductores aislados.

- Conductores desnudos.

- Protección.

- Conductores concéntricos no aislados.

Una atención especial se debe poner sobre la temperatura de referencia en la que debe efectuarse la medición, que debe ser realizada a una temperatura ambiente comprendida entre 10 y 30 °C.

La muestra, de la cual se quiere conocer el valor de la resistencia, debe ser puesta en el ambiente de prueba por lo menos 12 horas antes de la medición, a los efectos de que la temperatura de los conductores sea lo más próximo posible a la temperatura ambiente.

La medición se efectúa con corriente continua y en vista de los bajos valores de resistencia, debe tenerse especial cuidado en las conexiones con el instrumento a los fines de evitar las resistencias de contacto, siendo aconsejable que en los puntos de contacto entre el conductor y los bornes del puente, las superficies sean pulidas y ajustadas con fuerza.

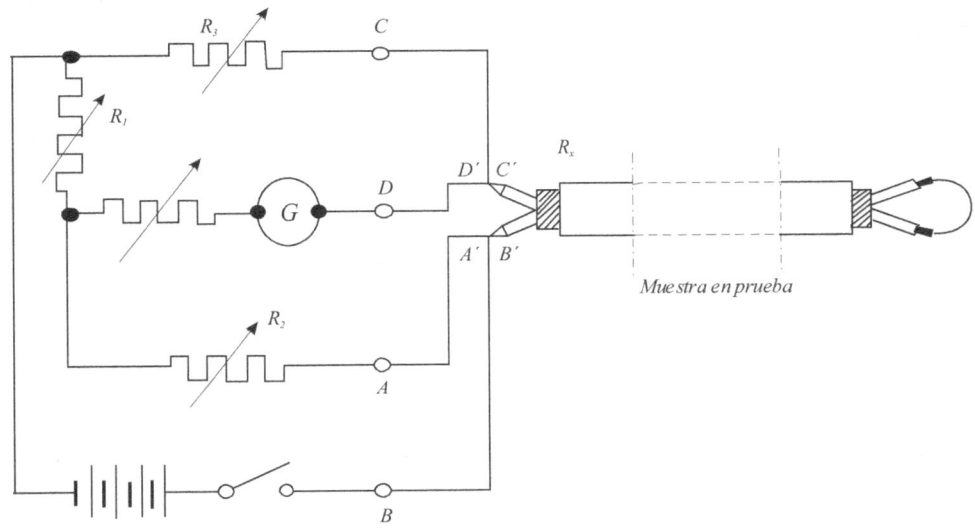

Fig. 4.1 Circuito del puente de Wheatstone empleado para la medición de la resistencia de los conductores y de la protección metálica del cable.

A los efectos de evitar la influencia sobre la medición de los conductores de conexión en el puente de Wheatstone se recurre a la disposición mostrada en la figura 4-1, en la cual los conductores de conexión (A-A`, B-B`, C-C`, D-D`) forman parte de los brazos del puente, de modo de poder tener en cuenta, computando la relativa resistencia en serie con la que los brazos son insertados.

Es oportuno precisar que en la mayoría de los casos, la resistencia de las conexiones es despreciable debido al valor muy bajo de las resistencias de las conexiones A-A` y C-C` y la relativa a los brazos R_1 y R_3.

En general, para reducir sensiblemente el error es suficiente que la sección de los conductores A-A` y C-C` sea del orden del milímetro cuadrado, mientras los conductores B-B` y D-D` deben tener una sección acorde con el valor de la corriente que los atraviesa y una suficiente solidez mecánica.

Si se usa el puente de Kelvin se debe realizar la disposición de la figura 4-2 teniendo presente la conexión de corriente, sobre el conductor de medición debe estar separado de la conexión de tensión.

El valor medido de la resistencia debe ser referido a la temperatura convencional de 20°C y sobre la longitud de 1 Km.

Para efectuar la referencia a la temperatura de 20 °C, llamando R_M a la resistencia medida a la temperatura ambiente θ, el valor de la resistencia buscado se determina por las relaciones:

$$= \frac{234,5}{234,5+} \quad \text{ó } R = \quad - \quad \frac{}{234,5+\theta}$$

Para conductores de cobre, mientras que para conductores de aluminio las relaciones son:

$$= \frac{}{} \quad \text{ó } R = \quad - \quad \frac{}{}$$

Es preferible, en la práctica usar la segunda relación derivada de la primera con el fin de no cometer errores sensibles.

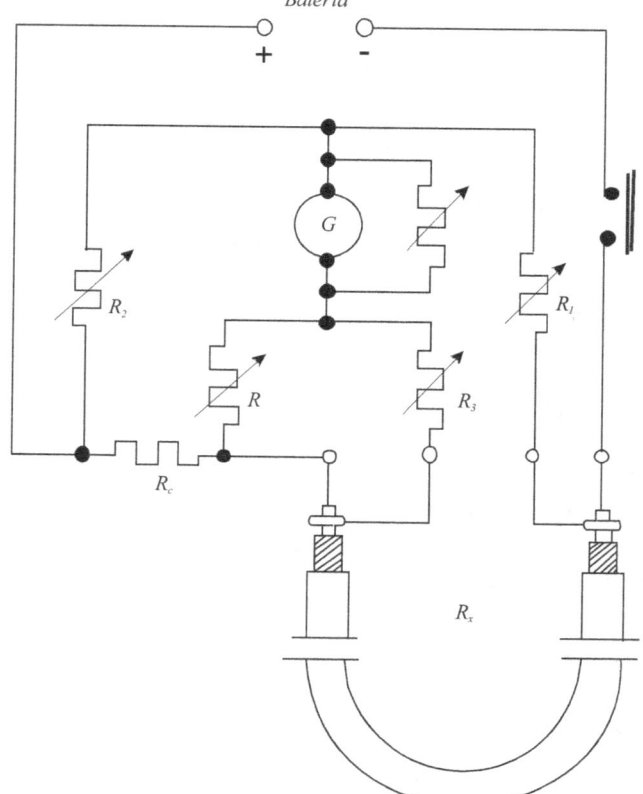

Fig. 4-2 Circuito del puente de Kelvin empleado para la medición de la resistencia de los conductores del cable.

Con respecto al cálculo relacionado con la longitud unitaria, llamando R_M la resistencia medida sobre una muestra de cable de un metro de largo, el valor que asume la resistencia para un kilómetro del mismo cable se calcula como:

$$= \frac{1000}{\ell} \cdot R$$

Los valores de la resistencia medida deben estar comprendidos dentro de las especificaciones contractuales para que tengan un resultado favorable. En cada caso el valor de la resistencia de cada conductor, expresado en Ohm por kilómetro y referido a 20 °C no debe superar el valor obtenido de la siguiente relación:

$$= \frac{\rho^{`}}{}$$

En la cual $\rho^{`}$ indica el valor de la resistividad aparente del material empleado en $\frac{O \quad .mm}{}$ y S indica la sección nominal expresada en mm .

La resistencia aparente $\rho^{`}$ se diferencia de la real ρ del material empleando según un coeficiente K que tiene en cuenta en cierta medida el efecto del cableado de los conductores y de la diferencia existente entre sección recta y sección teórica.

$$\rho^{`} =$$

El valor de la resistividad para el cobre recocido usado en la industria eléctrica es:

$$= 17{,}241 \;\text{———}\; \text{a 20 °C.}$$

Para el aluminio, el valor de la resistividad es:

$$= 28{,}264 \;\text{———}\; \text{a 20 °C.}$$

El valor de coeficiente puede estar comprendido entre 1,03 y 1,04.

4-3.2 Medición de descargas parciales.

El propósito del ensayo de descargas parciales es determinar la amplitud de las descargas parciales a una tensión especificada y con una sensibilidad dada.

El grupo de ensayo está constituido por una fuente de alta tensión que tenga una potencia, en kVA, adecuada a la longitud del cable a ensayar, un voltímetro de alta tensión, un dispositivo de medición de descargas parciales y un dispositivo de calibrado de descargas.

El dispositivo de medición de las descargas parciales se compone de un circuito de ensayo, de un osciloscopio y, si es necesario, de un aparato indicador asociado a un equipo amplificador apropiado para indicar la existencia de descargas parciales y detectar los impulsos de descargas individuales. Un circuito detector de descargas parciales utilizado para cables es el mostrado en la figura 4-3.

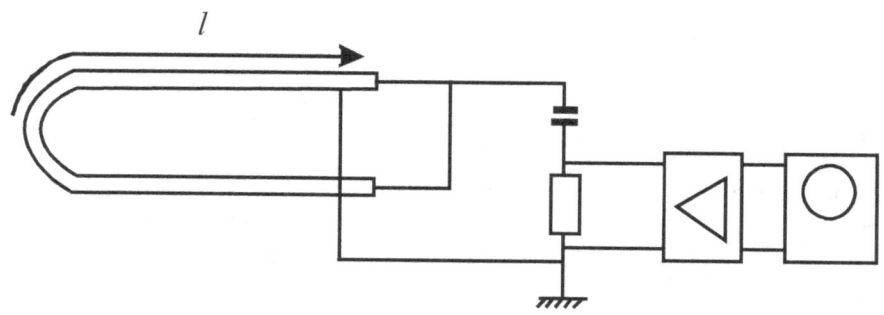

Fig. 4-3 Cable conectado a un detector de descargas convencional.

El impulso de tensión provocado por una descarga en cable, se propaga en forma de onda viajera a lo largo del cable. Por esta razón la medición debe ser realizada en la condición en que el cable se comporte como una capacidad normal, para que los métodos usados de detección sean aplicables, la condición ideal es que el cable se comporte como una capacidad pura. La longitud del cable L (m) es considerada como si el cable estuviera conectado al detector de descarga en ambos extremos. Figura 4-3.

El intervalo de tiempo en el cual la onda viajera de velocidad v pasa a través del cable es ℓ/v. Ahora si dicho intervalo es 5 a $10\ell/v$, breve como la armónica mas corta de período T_0 que puede resolver el detector, este corto intervalo no es importante, toda vez que el fenómeno en el detector y en el cable actúe como una capacidad pura.

La condición para que el cable actúe como una capacidad pura es:

$$\geq 5 \ a \ 10 \ \frac{\ell}{}$$

O introduciendo f_0, la alta frecuencia que pasa por el detector.

$$\leq \overline{5 \ a \ 10 \ \ell}$$

En la ecuación anterior v es constante de la onda viajera por lo cual:

$$v \simeq \text{—} \ (m/s)$$

Donde ε es la constante dieléctrica del material aislante del cable.

Como ε, a esta frecuencia, varía en 2 y 2,5; v es usualmente del orden de 20 m/s, la ecuación anterior se transforme en:

$$\leq \frac{20.000}{\ell} \quad \frac{40.000}{\ell}$$

Donde f_0: alta frecuencia que el detector permite pasar.

Y ℓ: longitud del cable en metros. Figura 4-3.

En la práctica, los fenómenos son más complejos que los considerados, pero, en general la ecuación anterior aparece como válida. Una complicación es que por la instancia dada por el hecho de que la onda viajera no pase a través del cable por largo tiempo; esto hace que la onda se atenúe rápidamente. Además si la descarga ocurre en la mitad de la longitud del cable, el intervalo de tiempo entre dos ondas sobre el detector es mucho más corto que el detectado aquí; esta complicación afecta el cálculo auspiciosamente.

El método de transferencia de carga puede ser utilizado para la calibración del detector. En este método, se conecta el dispositivo de calibrado de descarga a un extremo del cable, para inyectar la descarga predeterminada en el cable sometido a ensayo.

La cantidad de electricidad q_{al}, que es suministrada por las descargas de calibración, es igual al producto de la amplitud del impulso de tensión U (en Volt) por la capacitancia de acoplamiento C_{cal} del aparato de calibración (en Volt), ya que esta capacidad es pequeña comparada con la del cable sometido a ensayo.

Con el cable a ensayar conectado a un circuito de detección, se verifica la sensibilidad de la detección y de respuesta del aparato, inyectando el impulso de calibración a un extremo del cable, y después al otro.

Se toma la respuesta más débil como respuesta global para determinar la selección del impulso de respuesta k [siendo k el número de pico Coulomb de impulso de calibración por milímetro de amplitud sobre la plantilla del osciloscopio o la relación de pico Coulomb (pc) del número del impulso de calibración al indicado por el medidor de pico Coulomb].

La sensibilidad del circuito de ensayo (con los instrumentos dados) se define como el impulso de descarga más pequeño q_{min} (en pc) que puede ser detectado en presencia del ruido de fondo.

Para ser detectado un impulso de descarga debe tener una amplitud por lo menos del doble del ruido aparente, h_h (h_h, es la amplitud de ruido en milímetros si se utiliza el osciloscopio, o la desviación de ruido en pC si se utiliza un detector de pico coulomb).

Como consecuencia $q_{min} = 2$ K-h_h (pc)

Para los ensayos de rutina y los ensayos de tipo la tensión de ensayo debe ser aplicada entre el conductor y la pantalla, subiéndose a 2,4 U_0 y manteniendo este valor durante 1 minuto (siendo U_0 la tensión nominal del cable entre conductor y tierra).

Se reduce lentamente la tensión de ensayo a 2 U_0 y se mide la amplitud de las descargas. Para las tensiones nominales del cable, las tensiones de ensayo de referencia (en kV eficaces) se dan en la tabla 4.1.

TABLA 4.1

Tensiones nominales U_0/U (kV)	2,3/ 3,3	3,8/ 6,6	5,2/ 6,6	7,6/ 13,2	10,5/ 13,2	19/33
Tensión de verificación para 2,4 U_0	5,5	9,1	12,5	18,2	25,2	45,6
Tensión de medición para 2 U_0	4,6	7,6	10,4	15,2	21,0	38,0

4-3.3 Ensayo de tensión.

El ensayo de tensión se efectúa a temperatura ambiente, utilizando una tensión alterna a frecuencia industrial a tensión continua, a elección del fabricante.

La tensión debe ser aplicada en forma gradual arribando al valor prescripto en el tiempo aproximado de 1 minuto.

Para el ensayo de tensión, con tensión alterna monofásica, se puede utilizar el circuito de la figura 4-4. Es necesario remarcar que el inductor ha sido insertado en el circuito a los efectos de producir un desfasamiento de la corriente absorbida por el transformador para limitar la potencia requerida al regulado de tensión.

Para los cables unipolares con pantalla metálica, la tensión de ensayo debe ser aplicada durante 5 minutos entre el conductor y la pantalla.

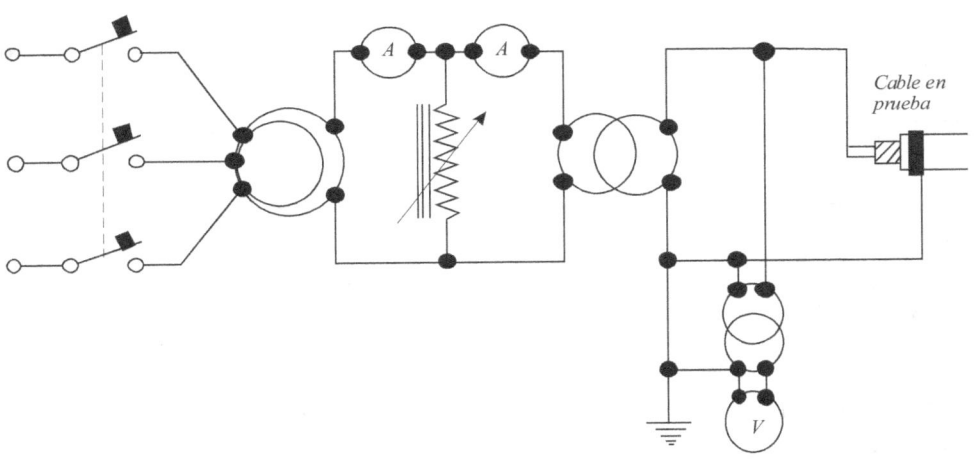

Fig. 4-4 Circuito para la ejecución del ensayo de tensión.

Los cables unipolares sin pantalla metálica deben ser sumergidos en agua a temperatura ambiente durante una hora y luego se aplica la tensión de ensayo durante 5 minutos entre el conductor y el agua.

Para los cables multipolares, con pantalla individual en cada conductor, la tensión de ensayo se aplica durante 5 minutos entre el conductor y la pantalla metálica o revestimiento metálico. Para los cables multipolares, sin pantalla individual sobre cada conductor, la tensión de ensayo se aplica durante 5 minutos entre cada conductor aislado y todos los otros conductores entre si y el revestimiento, si hubiere.

Los conductores pueden ser adecuadamente conectados para sucesivas aplicaciones de la tensión de ensayo de manera de limitar la duración del ensayo, siempre que la secuencia de conexiones asegure que la tensión se aplica durante 5 minutos como mínimo, sin interrupción entre cada uno de los conductores y los otros y entre cada conductor y el revestimiento metálico, si hubiere.

La tensión de ensayo a frecuencia industrial deberá ser 2,5 U_0 + 2 kV para los cables de tensión nominal menor o igual que 3,8/6,6 (7,2) kV y de 2,5 U_0 para los cables de tensión nominal mayor.

La tabla 4.2 indica los valores de la tensión de ensayo para las tensiones nominales.

Si para los cables de tres conductores, el ensayo de tensión se efectúa con un transformador trifásico, la tensión de ensayo entre fases del transformador será 1,73 veces mayor que el valor de la tensión a frecuencia industrial.

TABLA 4.2 Tensión de ensayo.

Tensión nominal U_0 (kV)	0,6	2,3	3,8	5,2	7,6	10,5	19
Tensión de ensayo (valor eficaz) (kV)	3,5	7,7	11,5	13	19	26	47,5

Cuando se aplica una tensión continua, la tensión aplicada será 2,4 veces mayor que el valor de la tensión a frecuencia industrial.

En todos los casos, la tensión de ensayo se aumenta gradualmente.

En ensayo será dado como satisfactorio si no se produce ninguna perforación dieléctrica de la aislación.

4-3.4 Ensayo con frente resonante.

El circuito resonante serie de alta tensión para ensayos, surgió como un medio para superar la resonancia accidental y no deseada a la que son propensos muchos ensayos convencionales.

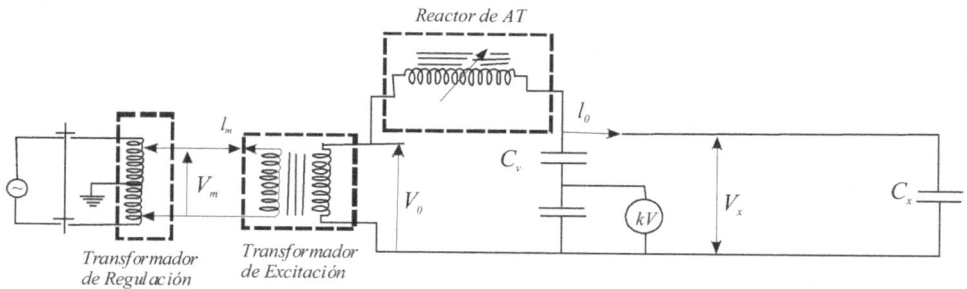

Fig. 4-5 Circuito resonante serie básico.

La mayor posibilidad que este fenómeno ocurra es cuando se ensayan objetos al límite máximo de corriente y relativamente baja tensión, como ser una elevada capacidad de carga.

Desafortunadamente la impedancia de la fuente varía de alguna manera sobre su valor nominal y la resonancia no se produce necesariamente cuando la tensión es más baja, en el circuito, pero en cualquier momento, a medida que dicha tensión aumenta, puede aparecer dicha resonancia.

Las industrias fabricantes de cables se interesan particularmente en desarrollar un circuito que ofreciera una corrección del factor de potencia de la alta capacidad de carga y la longitud de los cables en constante incremento. Este primer interés influyó para el desarrollo de circuitos, particularmente para ensayos de cables. La aplicación más general apareció un tiempo después.

El circuito básico es el de la figura 4-5 donde:

$$= \quad = Q.N$$

$$= \frac{1}{-} . \underline{\quad}$$

V_0 tensión de entrada del transformador reactor de A T.

N_1 relación de transformación del transformador excitante.

V_0 tensión de salida del transformador reactor.

V_x tensión aplicada a la muestra.

I_m corriente de entrada del transformador excitador.

I_0 corriente de salida del transformador excitador.

El circuito comprende una carga capacitiva casi pura C_x en serie con un inductor variable en forma continua.

La inductancia es variable de acuerdo a la impedancia de carga a la frecuencia de la fuente. La alta tensión se obtiene por inyección de una corriente a través del circuito serie. El control de la alta tensión se efectúa por la regulación de la corriente de la fuente.

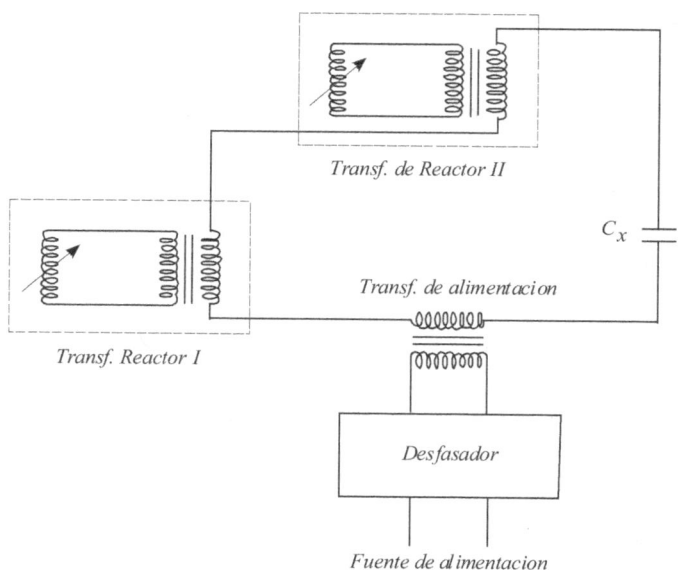

Fig. 4-6 Circuito para ensayo con frente resonante.

Las modificaciones necesarias para la utilización de estos circuitos son impuestas por las condiciones de alta tensión, dado que es imposible hacer una inductancia variable en forma continua para alta tensión.

La figura 4-6 muestra un circuito con un sector de arrollamiento móvil para baja tensión de inductancia paralela continua con una etapa transformadora incorporada en paralelo para alta tensión. También la fuente regulada alimenta el circuito principal a través de un transformador de alimentación por razones similares.

Este método tiene la ventaja que la potencia requerida desde la fuente es más baja que la potencia aparente en el circuito de ensayos. Esta representa solo el 5% de la potencia principal para un factor de potencia unitario.

Además si se produce una falla en el elemento bajo prueba, el arco eléctrico no se produce porque la tensión cae inmediatamente al cortocircustarse la carga capacitiva. Esto es muy importante en la industria de cables donde la formación del arco eléctrico puede producir peligrosa explosión en los terminales de los cables.

Tiene también una ventaja importante en el trabajo de desarrollo, el hecho de que parte del objeto bajo prueba no sea completamente destruido.

4-3.5 Medición del ángulo de pérdidas del dieléctrico.

La medición se efectúa, generalmente, sobre cables aislados con papel impregnado o con materiales aislantes termoplásticos, previstos para una tensión de aislación respecto a tierra (E_0) no inferior a 7 kV.

Para los cables aislados en goma o para otros tipos de cables provistos para valores de tensión inferiores del citado, el ensayo se realiza sólo con acuerdo previo entre fabricantes y comprador.

La medición del ángulo de pérdida se efectúa, ante todo, para poner en evidencia eventuales fenómenos de ionización que aparecen, en general, para valores de tensión superiores a los indicados.

Para cables aislados en papel impregnado, en el caso de campo eléctrico no radial, el ensayo se efectúa en uno solo de los conductores.

La medición se efectúa usando el puente de Schering.

En el caso de cables con campo eléctrico radial, incluidos todos aquellos aislados con materiales termoplásticos, la tensión de ensayo debe ser aplicada entre algún conductor y la relativa protección o vaina metálica, tomando como referencia la tensión E, mientras para cables con campo eléctrico no radial, la tensión de referencia se obtiene de la relación:

$$= \frac{E +}{2}$$

Y se aplica entre un conductor y sobre los otros conductores conectados a la vaina metálica.

El esquema del circuito básico necesario para el ensayo es el mostrado en la figura 4-7, teniendo presente los conductores conectados a la vaina, y que deben ser, en su momento conectados al puente, debiendo ser aislados de tierra.

En general, debiendo por esto mantener todo el cable aislado de tierra, para aislarlo se considera suficiente dejarlo en la bobina de madera sobre la cual viene arrollado.

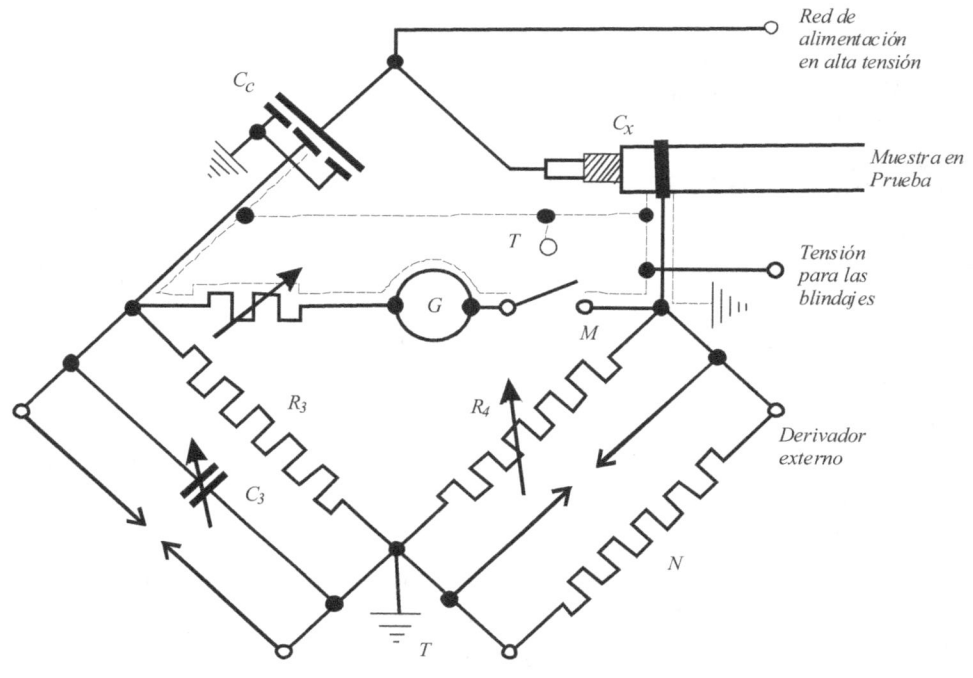

Fig. 4-7 Circuito del puente de Schering empleado en la medición sobre cables.

Las conexiones necesarias entre el puente y el brazo resistivo del puente deben ser de longitud muy pequeña y de sección tal que no influya sobre el valor de la tangente del ángulo de pérdida que se mide.

Cuando, por cualquier razón, la influencia del conexionado sobre la medición no puede ser considerada despreciable, esta puede ser calculada y luego descontada del valor total obtenido (tan δc) mediante la relación:

$$= \quad -$$

En la cual los símbolos asumen los siguientes significados:

tan δc: valor de la tangente del ángulo de pérdidas del cable.

R: valor de la resistencia del conductor de conexión.

C: valor de la capacidad del cable.

ω: pulsación de la frecuencia de prueba.

Es necesario hacer notar que la calidad de los materiales empleados por la aislación con papel impregnado o con materiales termoplásticos a base de policloruro de vinilo presentan sensible diferencia en los valores de la tangente del ángulo de pérdidas, es decir mientras para cables aislados en papel impregnado se encuentran valores generalmente inferiores a 0,008; para cables aislados con materiales termoplásticos se pueden encontrar valores hasta 0,1. Completamente diversa es también al variación del valor de la tangente del ángulo de pérdida respecto a la temperatura, mientras para cables aislados en papel impregnado los valores tienden a disminuir con el aumento de temperatura; dentro del campo de las temperaturas normales de ensayo, en el caso de aislantes termoplásticos se comportan en sentido contrario.

El ensayo se debe realizar, preferentemente a una temperatura comprendida entre 15 y 20°C y los resultados deben ser referidos a la temperatura convencional de 20°C, utilizando oportunos coeficientes de corrección de las tablas correspondientes.

Un significado particular asume la variación del valor de la tangente del ángulo de pérdidas al variar la tensión aplicada, en cuanto aquí se verifica un aumento excesivo, lo que lleva a pensar que en el cable se producen fenómenos de ionización tales que pueden poner en riesgo su integridad. Las normas prescriben dos condiciones particulares en relación a dos tipos de cables.

4.3.5.1 Cables aislados con papel impregnado: La medición de la tangente del ángulo de pérdidas debe ser efectuado a los siguientes valores de la tensión de prueba.

0,5-1,2-2 veces la tensión de referencia elegida entre los valores E y E_m según la estructura del campo eléctrico, como se había indicado.

Los resultados del ensayo efectuado a temperatura ambiente deben ser referidos a la temperatura convencional de 20°C utilizando los coeficientes de la tabla 4.3.

TABLA 4.3 Valores del coeficiente para referir a 20 °C la tangente del ángulo de pérdidas para cables aislados en papel impregnado.

Temperatura °C	Coeficiente por el cual se debe multiplicar el resultado de las mediciones. K
10	0,55
12	0,62
14	0,70
16	0,82
18	0,90
20	1,00
22	1,10
24	1,20
26	1,30
28	1,38
30	1,48

4.3.5.2 Cables aislados con materiales termoplásticos a base de policloruro de vinilo: Se deben efectuar dos mediciones, respectivamente a las tensiones de 0,5 E_0 y 2 E_0. Los valores obtenidos deben ser referidos a la temperatura ambiente convencional de 20 °C multiplicando los valores obtenidos por el coeficiente k consignado en la tabla 4.4.

TABLA 4.4 Valores del coeficiente k para referir a 20 °C los valores de la tan δ para cables aislados en materiales termoplásticos a base de policloruro de vinilo.

TEMPERATURA (°C)	COEFICIENTE (k)
12	1,11
14	1,07
16	1,045
18	1,02
20	1,00
22	0,98
24	0,965
26	0,953
28	0,943
30	0,935

El valor de la *tanδ* medida a 0,5 E_0 referido a 20 °C debe resultar superior a 0,10.

La diferencia de los valores encontrados a 2 E_0 y a 0,1 E_0 corregidos a 20 °C, no deben resultar superior a 0,03.

4-4 MEDICIÓN DE LA RESISTENCIA DE AISLACIÓN.

La medición de la resistencia de aislación de un cable se efectúa con tensión de corriente continua recurriendo al método de sustitución, que es particularmente apto para medición de valores elevados de resistencia.

Las condiciones de las temperaturas ambiente a las cuales deben ser referidos los resultados obtenidos de la medición, deben ser evaluados, en la forma en que se evalúan para la medición de la resistencia eléctrica de los conductores y de las protecciones conductoras.

La medición se efectúa después del ensayo de tensión, teniendo en cuenta que el caso de que este se realice con tensión continua es necesario interponer un intervalo de 24 horas a los fines de evitar errores de medición debidos a los efectos de polarización del aislante.

Las conexiones al cable son las mismas utilizadas para la medición de tensión y la prueba es generalmente limitada a dos muestras del material.

El ensayo se efectúa con tensión continua de un valor no inferior de 400 V, manteniéndola por un minuto antes de efectuar la medición. Para evitar los errores ligados a las corrientes superficiales de dispersión, se usan extremos aislados y conexiones de medio metro de largo son pulidas y secas.

Cuando sea posible, es aconsejable disponer sobre el aislante, anillos de guarda, en la disposición práctica de la figura 4-8 para el ensayo efectuado en seco, y la mostrada en la figura 4-9 para el ensayo efectuado con la bobina del cable sumergido en agua.

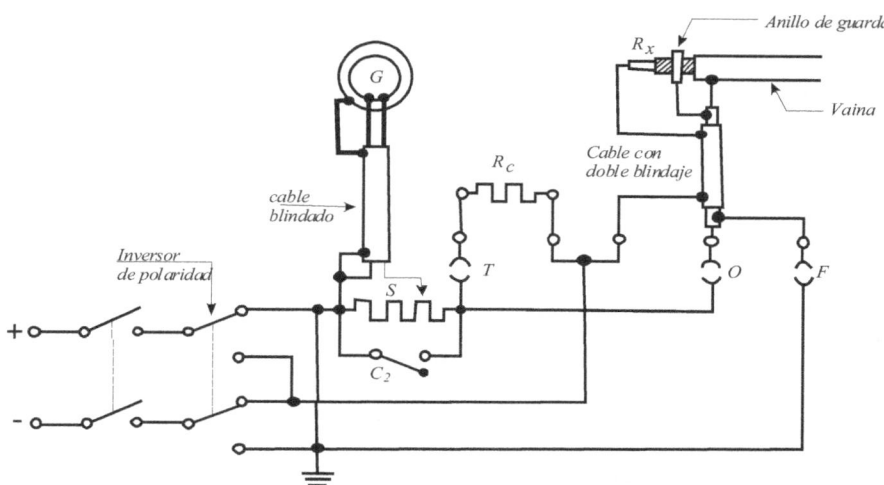

Fig. 4-8 Esquema del circuito para la medición de la resistencia de aislación efectuada en seco.

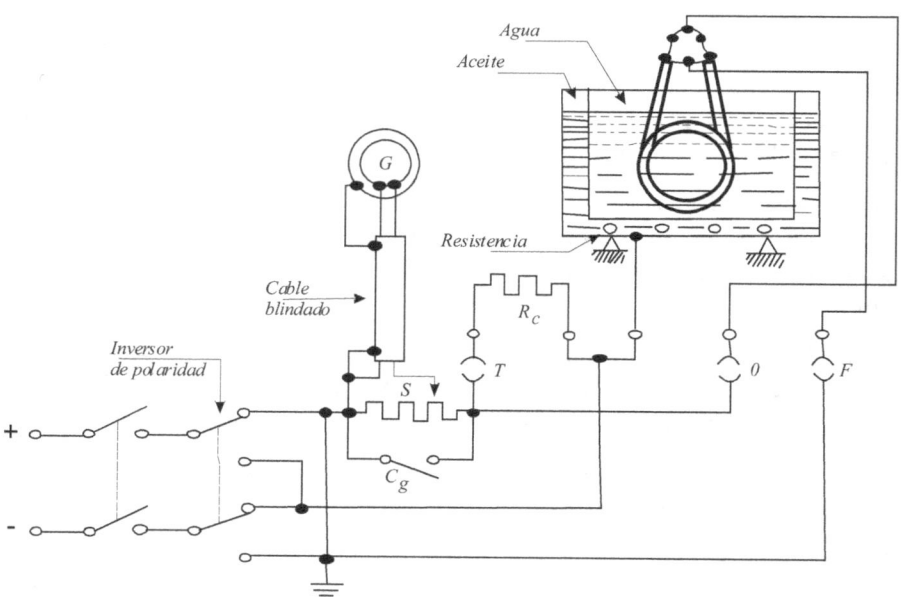

Fig. 4-9 Esquema del circuito para la medición de la resistencia de aislación efectuado con bobina en agua.

Los valores de la resistencia de aislación obtenidos de la medición deben ser referidos a la temperatura convencional de 20 °C y es conveniente que, durante la prueba, la temperatura ambiente sea lo más próxima a la temperatura convencional.

Los coeficientes a utilizar para la referencia son notablemente diversos con relación al tipo de aislante empleado. En la tabla 4.5 se muestran los valores que deben ser utilizados.

TABLA 4.5

Coeficientes a utilizar para referir los valores de la resistencia de aislación a la temperatura de 20 °C, para cables aislados con papel impregnado, materiales termoplásticos y goma.

Temperatura de medición (°C)	Coeficiente multiplicador		
	Papel impregnado	Material termoplástico	goma
10	0,30	0,25	0,63
12	0,35	0,31	0,69
14	0,45	0,40	0,75
16	0,55	0,52	0,83
18	0,75	0,74	0,91
20	1,00	1,00	1,00
22	1,32	1,45	1,10
24	1,68	2,20	1,20
26	2,20	3,30	1,32
28	2,60	4,50	1,45
30	3,30	6,83	1,50

Los valores de la resistencia de aislación referidos a 20 °C deben ser relacionados a la longitud de 1 Km, mediante la relación:

$$= \frac{1}{1000}$$

En la cual R_M indica el valor de la resistencia medida y referida a 20°C.

Para efectuar la medición, se procede de la siguiente manera:

a. Ajuste del galvanómetro: se coloca la clavija en T y se cierra el circuito de conexión con la fuente de energía después de haber puesto el cursor del potenciómetro 5 en la posición de mínima sensibilidad. Se acciona luego sobre el potenciómetro hasta obtener una conveniente lectura (3/4 de escala) sobre el galvanómetro, anotando la constante del potenciómetro ($) y la lectura efectuada sobre el galvanómetro (δ_T).

b. Medición: se colocan las clavijas en F y O, se coloca el cursor en la posición de mínima sensibilidad del galvanómetro, cerrando después el interruptor. Hecho esto se acciona sobre el potenciómetro de modo que el galvanómetro indique una desviación lo suficiente amplia del índice, y después de haber transcurrido el tiempo necesario para la electrización del dieléctrico se toma nota del valor relativo a la desviación del índice del instrumento δ_0), teniendo, naturalmente en cuenta el valor de partida de la constante del potenciómetro ($).

El resultado de la medición se obtiene de la relación:

$$= \quad \underline{\quad\quad}$$

En la cual R_M se expresa en las mismas unidades que R_C.

En este punto será conveniente repetir la medición, después de haber invertido la polaridad del generador, tomando la media aritmética de los resultados obtenidos.

4-5 ENSAYO DE TENSIÓN SOBRE LA VAINA DE MATERIAL TERMOPLÁSTICO.

Cuando el cable esta manido de una vaina protectora de material termoplástico a base de policloruro de vinilo, es necesario verificar la aislación sumergiendo la muestra, por lo menos durante 6 horas en agua, manteniéndola a temperatura ambiente y aplicando luego una tensión alterna de 2000 V entre la vaina o la protección y el agua. La tensión debe ser mantenida durante 2 minutos.

El ensayo se realiza con el mismo circuito indicado en la figura 4-4 para el ensayo de tensión sobre los conductores.

Como alternativa a las condiciones indicadas, el ensayo puede ser también efectuado con tensión continua de 4000 V.

4-6 LOCALIZACIÓN DE AVERÍAS EN LOS CABLES.

Durante el ejercicio y por diversas razones, se pueden producir sobre los cables enterrados, afectados al transporte de energía, falla que transforma en inservible el tramo del cable en el cual se verifica el defecto.

No siendo posible efectuar un examen a simple vista, es necesario determinar la localización del punto de la falla, haciendo lo posible al menor costo y la más rápida intervención de los medios de reparación.

Los métodos usados convencionalmente para la investigación del punto de la falla en los cables son esencialmente de naturaleza eléctrica; se basan en una serie de mediciones y elaboración de los resultados obtenidos.

La falla en un cable, además de los efectos inmediatos relativos a la operación del sistema, se manifiesta mediante una modificación de los parámetros del cable. Y precisamente:

- Defecto de aislación respecto a masa, o entre los conductores, en el caso de cable multipolar.

- Defecto de continuidad de uno o más conductores.

Estas manifestaciones se pueden presentar separadamente, o en forma combinada y pueden afectar a uno o más conductores del cable, además el defecto de aislación o el de continuidad longitudinal, puede manifestarse en forma neta o comportarse como una resistencia interpuesta, resistencia de falla, de valor más o menos elevado.

En líneas generales, el procedimiento para la localización de un punto de falla es el siguiente:

a. Mediciones preliminares para establecer el tipo de falla que se ha producido, para la consiguiente elección del método de relevamiento.

b. Medición para la localización de la avería.

c. Localización del punto de falla sobre el terreno de posado.

Es necesario recordar que todas las mediciones deben ser ejecutadas en forma sistemática y completa, sin excepciones, a los efectos de no incurrir en erróneas interpretaciones de los resultados; con consecuencias negativas por el tiempo necesario para la búsqueda, que en el caso de redes radiales, incide netamente sobre la continuidad del servicio.

Las consideraciones expresadas se refieren al caso en que sobre el cable se verifica un solo punto de falla, condición usual, salvo raras excepciones.

En el caso de fallas múltiples, muchos de los métodos no son aplicables y la posibilidad de localización debe ser confiada a la experiencia de los operadores, los cuales deben preceder a mediciones sucesivas sobre el tramo del cable seccionado.

En este caso cualquier efecto puede ser obtenido con los métodos de reflexión de impulsos.

4-6.1 Precauciones a tener en cuenta antes de iniciar la búsqueda de la falla sobre un cable.

Consideramos útil indicar en breve síntesis algunas precauciones que deben ser tenidas en cuenta a los fines de la seguridad del personal de operación, antes de iniciar el ensayo para la determinación del punto de falla en un cable.

Es necesario, en primer lugar, reconocer el tramo sobre el cual se debe operar, mediante una inspección en las dos terminales, efectuando un atento control y señalización y asegurarse personalmente, que el cable está completamente desconectado de la alimentación.

Esta precaución es esencial cuando se opera sobre redes complejas y tensiones elevadas, por cuento el peligro de un error es mayor.

Una vez individualizado el tramo del cable y asegurando mediante un relevador (figura 4-10) que no está con tensión, es necesario conectarlo al sistema de puesta a tierra para descargar la energía electrostática, que en caso de quedar almacenada, para cable de tensión elevada y de longitud apreciable, puede producir efectos peligrosos para el personal.

Para cables de tensiones superiores a los 15 kV, para la conexión con la instalación de puesta a tierra, es necesario interponer sobre el conductor de cortocircuito una resistencia de amortiguamiento, dejando pasar un cierto tiempo antes de efectuar la conexión directa entre la fase y la tierra.

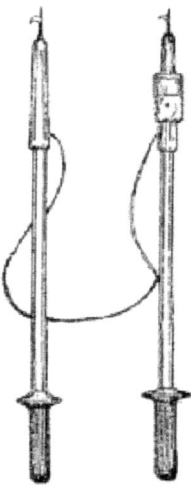

Fig. 4.10 Aparato usado para establecer la presencia de tensión en el cable.

Cuando en las inmediaciones de la punta del cable existieran partes de la instalación bajo tensión, deben disponerse todos los medios necesarios para la seguridad del personal, colocando sobre los comandos de los seccionadores dispositivos de blindaje y carteles indicadores del tramo del cable que se está ensayando.

Si sobre el cable existen derivaciones, la verificación y la colocación de carteles y de las guardas, debe ser hecho en todas los terminales accesibles.

4-6.2 Mediciones preliminares para establecer el tipo de falla.

De frente a la incógnita que representa el tipo de falla se deberá, en primer lugar, efectuar las mediciones preliminares para determinar el tipo de falla que se ha producido en el cable y elegir en consecuencia el método para su determinación.

Estas mediciones se efectúan con tensión continua utilizando en general, un medidor del tipo a bobinas cruzadas (figura 4-11) provisto de un generador mecánico de tensión (Megger).

Con respecto al valor de tensión necesario no se puede establecer una regla, de cualquier modo, resulta útil el empleo de una tensión comprendida entre 0,1 y 0,3 veces la tensión de operación.

La técnica de la medición consiste en efectuar algunos relevamientos en correspondencia con los terminales del cable, en forma de establecer, completamente o en forma parcial, el esquema equivalente del cable con presencia de la falla.

Mientras se efectúa el relevamiento sobre los conductores accesibles de una terminación, los conductores de la otra terminación pueden ser dejados libres o puestos en cortocircuito.

El número de relevamientos es más elevado cuanto más elevado es el número de conductores que componen el cable.

En general, indicando con A y B las dos terminaciones del cable, se procede de la siguiente manera:

a. Medición de la resistencia de aislación efectuada sobre el terminal A con el conductor de la terminación B aislados entre ellos.

- Cada conductor respecto a masa, dejando libre aquello que no interesa en la medición.

- Entre pares de conductores, dejando libre aquello que no interesa a la medición y la tierra.

b. Medición de la resistencia de aislación efectuado sobre la terminación B con los conductores de la terminación A, aislados entre ellos.

- Realizar las mismas mediciones del punto A.

c. Medición de la resistencia efectuada en la terminación A, o B, con los conductores de la terminación B, o A, puestos en cortocircuito.

- Medición sobre los conductores entre todas las fases posibles, dejando libres, en la terminación donde se efectúa la medición los otros conductores.

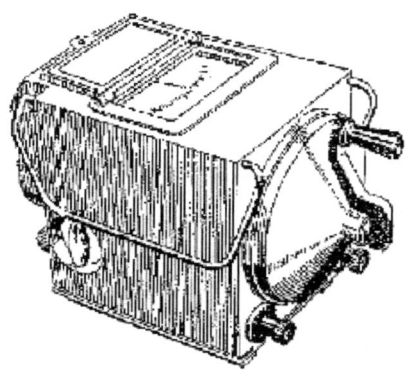

Fig. 4-11. Medidor de resistencia a bobina cruzada provisto de un generador mecánico de tensión (Megger).

Mediante las mediciones indicadas en los puntos a y b, que pueden ser también dependientes en si, los conductores del cable no están interrumpidos, se verifica en la práctica, la aislación transversal de los conductores, mientras con las mediciones efectuadas en el punto c se verifica la continuidad metálica.

El medidor de resistencia, además, de suministrar resultados confiables, debe estar previsto además de una escala apta para la determinación de resistencias muy bajas (menores a 1 ohm) con precisión.

Efectuadas las mediciones se dispone de la siguiente información.

- Cuantos y cuales conductores del cable presentan defectos de continuidad.

- Cuantos y cuales conductores del cable presentan defectos de aislación.

Llegando a este punto corresponde elegir el método a usar para la determinación del punto de avería, la elección debe ser determinada:

1° en función de los resultados obtenidos de las mediciones preliminares.

2° en base al tipo de aparatos disponibles.

Cuando las condiciones relevadas del cable, sean tales que no se tenga disponible el equipamiento apto para la investigación, puede resultar oportuno modificar las características de la falla.

Este procedimiento debe ser usado con mucha cautela para no empeorar ulteriormente la situación.

Una vez decidida la modificación de los valores de la resistencia de la falla a través del aislante, en el caso de que ésta sea demasiado elevada, conviene usar una tensión continua a los efectos de hacer circular en el punto de falla una cierta corriente (quemado).

El empleo de corriente continua tiene dos ventajas importantes:

1. Usando una tensión elevada (próxima a dos veces el valor de la tensión de ejercicio) no se provocan fenómenos sensibles de envejecimiento de los aislantes, salvo en el punto de falla.

2. La potencia requerida para el funcionamiento de los aparatos es muy baja respecto a aquella que sería necesaria si se usara una tensión alterna.

En el de corriente alterna, la fuente de energía debe suministrar un componente reactivo de la potencia, debido a la capacidad elevada que presenta el cable.

Si se considera oportuno usar un equipamiento de corriente alterna es aconsejable un circuito resonante, cuyo esquema de principio está representado en la figura 4-12.

Debe tenerse presente la dificultad debido a la complejidad del equipamiento y los posibles fenómenos de envejecimiento de los aislantes.

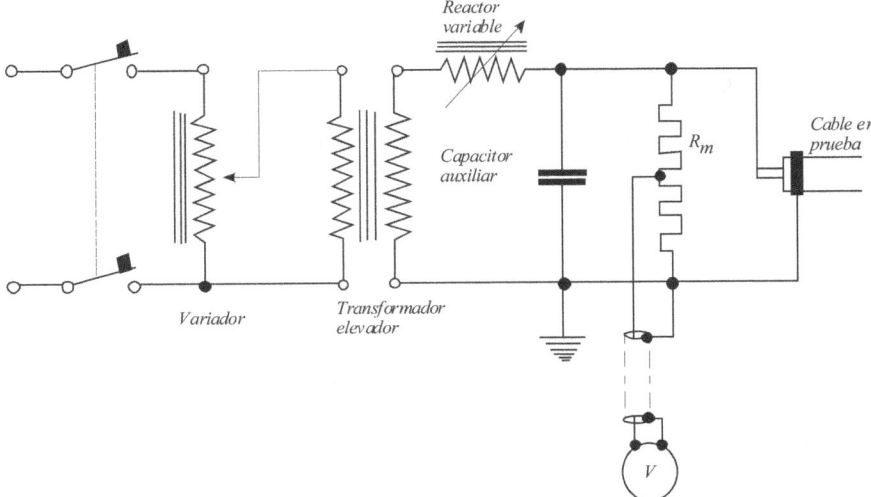

Fig. 4-12 Esquema del equipamiento de quemado funcionando con tensión alterna (circuito resonante).

4-6.3 Métodos de reflexión de onda para la localización de averías.

Generalidades.

Los métodos de búsqueda que preveen el empleo de aparatos, mediante los cuales el valor de la distancia de la falla, viene determinado sobre la base de reflexiones provocadas por el defecto verificado en el cable, han tenido una amplia difusión.

Estos métodos encontraron la aplicación más conveniente cuando la resistencia transversal de la falla tiene un valor bajo, o cuando se presentan discontinuidades en los conductores.

Los métodos para reflexión más usados se basan en dos criterios diferentes:

- Método a reflexión de impulso.

- Método de la onda estacionaria.

Según que el generador usado en el equipamiento sea un generador de impulso o un generador de tensión sinusoidal a frecuencia variable.

El principio sobre el cual se basan los métodos por reflexión es el siguiente:

Una señal de tensión, aplicada a los terminales de un cable, se propaga a lo largo de los conductores con una velocidad determinada, cuyo valor está en función de la constante dieléctrica del aislante. En correspondencia con cada continuidad del cable o de una modificación de los parámetros transversales, una parte de la señal es reflejada y retorna a las terminales de entrada.

Para un cable de campo eléctrico radial en el cual los conductores tienen un radio r, y aislante en el extremo, tiene un radio R, y en el cual el valor de la constante dieléctrica relativa al tipo de aislante sea ε_r, los valores de inductancia y de capacidad, respectivamente L y C por unidad de longitud, se calculan con la siguiente relación:

$$= 2 \left(\log - + \frac{1}{2} + \frac{1}{12} + \frac{1}{30} + \cdots \right) 10 \quad H/m$$

$$= \frac{}{18 \log -} 10$$

Si se desprecia el flujo magnético concatenado con el interior del conductor, son posibles simplificaciones en presencia del frente de onda escarpado, a causa del efecto superficial y si se ignoran los términos de la ecuación de la inductancia, excepto el primero se tiene:

$$= 2\log - 10$$

La velocidad de propagación de la señal se obtiene de la siguiente expresión:

$$= \frac{1}{\sqrt{LC}} = \frac{300}{\sqrt{\varepsilon}}$$

Quedando establecida así la relación entre la velocidad de la luz y la raíz cuadrada de la corriente dieléctrica relativa, mientras la impedancia característica del cable viene dada por:

$$= \quad -= \frac{60}{-}\log - ohm$$

En la mayor parte de los cables, el valor de la constante dieléctricaε_r, está comprendida entre 2,5 y 4; por lo que la velocidad de propagación de la señal resulta comprendida en$\frac{1}{2}$ y $\frac{2}{3}$ de la velocidad de la luz, mientras que la impedancia característica está comprendida entre 30 y 60 ohm.

Es importante hacer notar que en la relación que establece la velocidad de propagación de la señal, contempla solamente el valor de la constante dieléctrica relativa, por lo cual, a igualdad de aislante, la velocidad de propagación permanece constante aunque varíen las otras características del cable.

En las consideraciones expuestas hemos partido del caso de un cable de campo eléctrico radial, examinando su comportamiento como si se tratara de un cable coaxial; pero se puede decir que también en los cables de campo eléctrico no radial los problemas no son muy diferentes y se pueden considerar como válidas las consideraciones a las cuales nos hemos referido ya sea en la prueba entre conductores, entre conductores y tierra o entre conductores y vaina metálica.

El empleo de estos métodos resulta útil en las siguientes fallas:

-   Interrupción de conductores.

-   Falla de aislación entre conductores con baja resistencia.

-   Falla a tierra con baja resistencia, en el caso de blindaje continuo.

4-6.3.1 Método de reflexión de impulso.

Mediante un generador de impulso se aplica al conductor dañado, que por simplicidad consideramos, por el momento, de campo eléctrico radial, un impulso de tensión, el cual se propaga a lo largo del conductor con una determinada velocidad.

En correspondencia con cada discontinuidad de la aislación o de continuidad metálica, se verifican bruscas variaciones de los parámetros del cable. Una parte de la onda incidente es reflejada; luego midiendo los intervalos de tiempo que transcurre entre la señal enviada y la reflejada y conociendo la velocidad de propagación, se puede determinar el valor de la distancia del punto de discontinuidad y así localizar la falla.

Cuando es conocida la distancia a la terminación del cable, la distancia a la falla puede ser determinada sin necesidad de conocer la velocidad de propagación.

El fenómeno se produce normalmente en modo de corriente, como un pulso sobre la pantalla de un osciloscopio. La base de tiempo debe ser sincronizada con el generador de impulso.

Consideremos por el momento un tramo de cable íntegro, de longitud conocida y se aplica un impulso en correspondencia con una terminación.

Sobre la pantalla del osciloscopio será posible observar el impulso aplicado y el impulso reflejado en la terminación después de un tiempo correspondiente a la relación de dos veces la longitud del cable y la velocidad de propagación.

En el caso en que la terminación opuesta a la que se aplica el impulso, sea abierta, es decir que los conductores no están en contacto entre si, la forma que asume el fenómeno sobre la pantalla del osciloscopio es la que se muestra en la figura 4-13 y como es posible observar, la señal reflejada resulta del mismo signo que la señal incidente.

Fig. 4-13 Imagen de un cable con una extremidad libre (reflexión positiva).

En el caso en que los conductores a la terminación opuesta, se encuentren cerrados en cortocircuito, la señal reflejada resulta de signo opuesto al de la señal del impulso aplicado, figura 4-14, manteniéndose constante la duración del fenómeno.

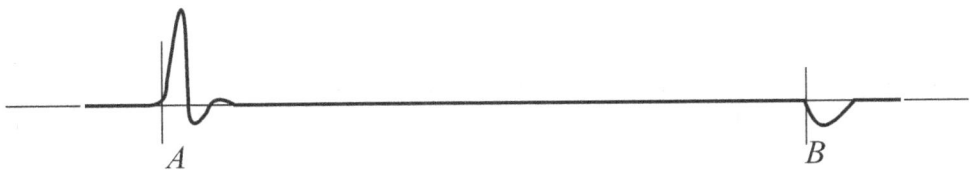

Fig. 4-14 Imagen de un cable con una extremidad en cortocircuito (reflexión negativa).

Pudiendo determinar el intervalo de tiempo entre la aplicación del impulso y el producido por la señal reflejada, se puede conocer la velocidad de propagación por la relación:

$$= —$$

En la cual L es la longitud del cable, expresada en metros, y el tiempo t en microsegundos, la velocidad resulta expresada en metros por microsegundos.

Hemos analizado los dos casos extremos, o sea el caso de conductores libres a la terminación del cable y el caso de un cortocircuito. Para los casos intermedios, sobre la pantalla del osciloscopio se verá una reflexión del mismo signo del impulso aplicado, cuando la resistencia entre los conductores es superior al valor de la impedancia característica del cable, mientras que cuando la resistencia es inferior, la señal reflejada tendrá el signo opuesto.

Cuando el valor de la resistencia es igual al de la impedancia característica, no habrá reflexión y el cable se comportará como una línea de longitud infinita.

Analicemos ahora el caso en que el cable presenta una avería producida a corta distancia de la terminación y que sea producto de una discontinuidad neta; la reflexión de la señal será completa y naturalmente obtenida en un tiempo menor respecto a cuando el cable es íntegro (figura 4-13).

Cuando la discontinuidad no es completa, sólo una parte del impulso viene reflejada y la otra parte se propaga hasta la terminación. Sobre la pantalla se obtiene en consecuencia una representación del fenómeno similar a la mostrada en la figura 4-15.

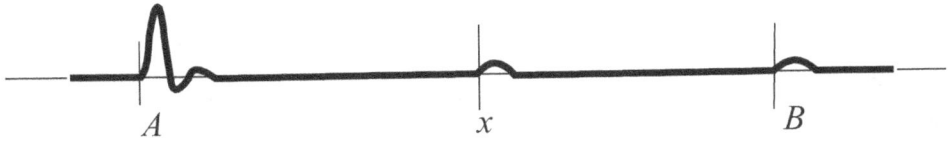

Fig. 4-15 Imagen de un cable que presenta discontinuidad en los conductores, parte de la señal toma también el terminal opuesto.

En el primer caso, en el que se conoce la velocidad de propagación, eventualmente determinada aplicando el impulso a un conducto íntegro del cable, la distancia de la falla se calcula por la relación:

$$=$$

En la cual t_x es el intervalo de tiempo existente entre la aplicación del impulso y la reflexión de la señal.

Cuando la medición es repetida en la otra terminación, se debe obtener una figura análoga, con un tiempo de reflexión diferente (t).

La distancia de la falla podrá ser determinada también con la relación:

$$= \frac{2L}{+}$$

En la cual —— representa la velocidad de propagación.

En forma complementaria se puede obtener la distancia al punto de falla de la segunda terminación por la relación:

$$= \frac{2L}{+}$$

Cuando la reflexión no es completa, el procedimiento es análogo, solo que habiendo, mediante el oscilograma, la posibilidad de determinar también el tiempo de reflexión relativo a la segunda terminación, es posible establecer, sin otra medición la distancia del punto de falla mediante la relación:

$$= - \, . L$$

Cuando el cable presente un defecto de aislación las consideraciones son análogas, mientras la reflexión de la señal del punto de falla resultará de signo contrario al del impulso aplicado, figura 4-16.

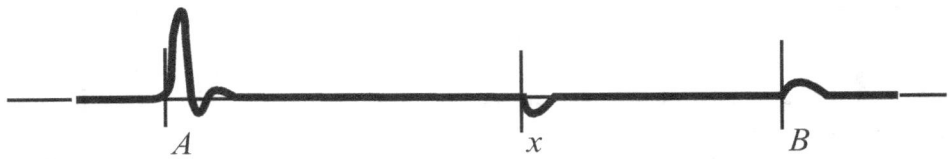

Fig. 4-16 Imagen de un cable que presenta defecto de aislación; parte de la señal compromete también al terminal opuesto.

Evidentemente si la falla es muy neta no será posible, sobre la pantalla, observar la señal reenviada de la terminación, y para determinar la distancia al punto de la falla se aplicaran las consideraciones expuestas.

En el caso en que la discontinuidad no sea neta, es probable que la reflexión sea todavía evidente. Si la falla es un defecto de aislación es necesario que la resistencia de la falla no supere las diez veces el valor de la impedancia del cable (en general en torno a 500 ohm).

Cuando estas condiciones no se verifican el método por reflexión de impulso no se puede aplicar, salvo modificando las características de la falla por medio del quemado utilizando el equipo mostrado en la figura 4-12 y logrando así las condiciones necesarias para la correcta aplicación del método.

4-6.3.1.1 Características del equipamiento para el método por reflexión de impulsos.

Los equipos utilizados en la actualidad por aplicación del método por reflexión de impulso, presentan todos, las mismas características en lo referente al tipo de impulso y la forma de generarlo. Existen diferencias sustanciales en los dispositivos de medición de los tiempos de reflexión.

El dispositivo para la generación de los impulsos está conformado por circuitos electrónicos capaces de generar impulso de duración y amplitud variables.

La duración del impulso varía entre 0,2 y 5 μs, mientras la amplitud es en general del orden de los centenares de volt. Se debe tener en cuenta que a lo largo del cable se verifica una notable atenuación de la señal incidente y que para obtener señales reflejadas suficientes, es necesario que la energía puesta en juego sea suficiente. Esta energía está en función de la amplitud del impulso y de la duración (más precisamente de la integral del cuadrado de la tensión en el tiempo).

La duración del impulso no puede ser demasiado larga porque si la falla se verifica a poca distancia de otra discontinuidad, el impulso reflejado de la falla se superpone con la cola del impulso reflejado de la discontinuidad y no es posible apreciar exactamente el inicio.

En general, para cables muy largos donde la atenuación es mayor se debe usar una duración adecuada, al menos en la primera parte de la investigación; utilizando la mínima duración posible que permita examinar con certeza el cable (si t es la duración del impulso, y v la velocidad de propagación, el tramo del cable tiene una longitud ℓ, después de cada reflexión es $\ell = v$ t) la tensión a la entrada del cable es enviada a la entrada vertical de un osciloscopio y la horizontal se conecta al circuito que produce la base de tiempo-calibrada.

Este método proporciona una imagen muy compleja de las reflexiones, al mismo tiempo complejo del cable, por lo que los operadores afectados a este género de mediciones deben estar particularmente entrenados para no incurrir en diagnósticos erróneos de la falla.

El dispositivo de medición del tiempo de retardo de las reflexiones constituye una parte muy importante del equipo y puede ser realizado de varias formas que se analizarán más adelante. Es necesario que la amplificación de la base de tiempo sea regulable en relación a la longitud del cable a examinar.

Recordando que la velocidad de propagación se mantiene constante y es del orden de 160 m/µs, para cada tipo de cable se puede considerar que una duración del haz de tiempo de 1 µs corresponde a un cable de largo máximo de 80 metros (la mitad de la velocidad de propagación porque se debe tener en cuenta el tiempo de retorno).

Los instrumentos comerciales presentan una duración de haz de tiempo comprendida entre 1 µs y 300 µs, con la posibilidad de explorar cables de longitud cercana a los 25 km.

La posibilidad de obtener resultados muy precisos esta ligada esencialmente a la habilidad del operador y a las características del equipo.

1°) La posibilidad de obtener una buena definición de inicio de las reflexiones, respecto a la cual debe ser evaluado el tiempo de retorno.

2°) La precisión con la cual puede ser determinado el tiempo de retardo de las reflexiones.

Una primera solución consiste en una graduación del haz de los tiempos en tiempos de retardo obtenidos mediante impulsos predeterminados de un osciloscopio a frecuencia fija, y calibrado.

La realización que no requiere la linealidad del haz de los tiempos es la mostrada en la figura 4-17. La figura 4-18 muestra la forma visible que asume la imagen relativa al cable y el haz de tiempos.

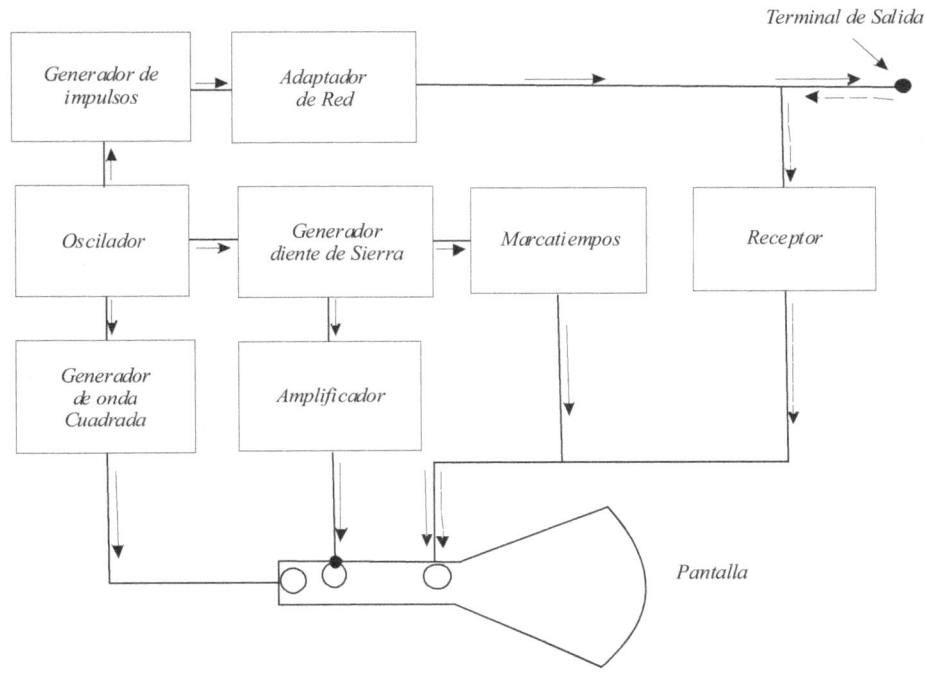

Fig. 4-17. Circuito de un equipo a reflexión de impulsos.

Para obtener una imagen más precisa de haz de tiempo algunos fabricantes proveen la imagen del haz de tiempo sobre un número mayor de líneas paralelas mientras que otros han obtenido la imagen del cable sobre la circunferencia de la pantalla del osciloscopio. En la figura 4-19 se indica como se presenta la traza obtenida con este método.

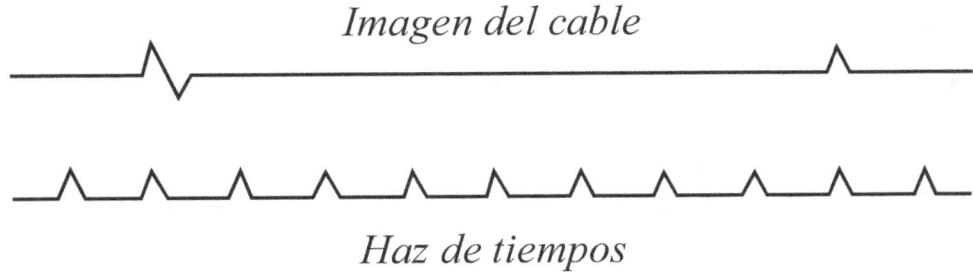

Fig. 4-18. Imágenes del cable y del haz de tiempo obtenidos en el equipo esquematizado en la figura 4.17.

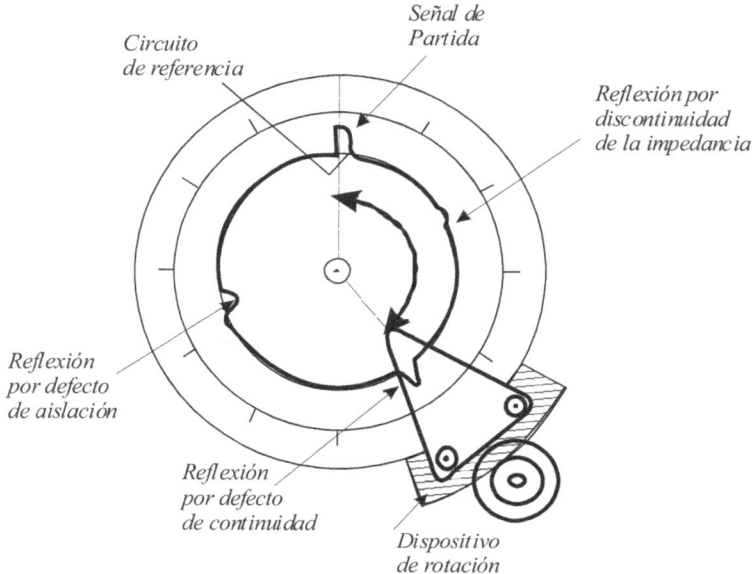

Fig. 4-19. Disposición de la pantalla del osciloscopio e imagen del cable cuando está puesta sobre una circunferencia.

Uno de los últimos desarrollos provee la posibilidad de obtener la curva de respuesta del cable sobre el haz de tiempos, mediante una red de desplazamiento calibrada.

Una línea sobre la pantalla, constituye la referencia, de modo que con la red de desplazamiento, se alinea la discontinuidad de la cual se quiere medir el tiempo de retardo.

La función de la red de desplazamiento resulta ahora función del tiempo de retardo, que puede ser relevado directamente de una lectura sobre el instrumento, o más fácilmente de un diagrama sobre el cual esta lectura debe ser registrada.

4.6.3.1.2 Modalidad con que se realiza la medición.

Después de las mediciones preliminares indicadas para establecer el tipo y características de la falla, se debe verificar que tales características permiten el empleo del método a reflexiones de impulsos. Para ello se deben cumplir las siguientes condiciones:

1° el cable presenta discontinuidades.

2° el cable presenta un defecto de aislación con resistencia inferior a 500Ω.

Si tales condiciones no se verifican se puede proceder a la modificación de las características de la falla de aislación mediante un quemado.

Se opera desde uno de los extremos del cable, aplicando los impulsos con el siguiente criterio:

- En el caso de cables a campo radial, entre el conducto fallado y el relativo a la vaina metálica.

- En el caso de cables a campo no radial entre el conducto fallado o también entre el conducto fallado y la vaina metálica externa.

En este último caso es necesario que exista la continuidad de la vaina externa también en correspondencia con el punto de unión.

Se establecen los valores de los tiempos de retardo de las reflexiones y del terminal opuesto cuando esto es posible.

En el caso que existan otros conductos dañados o íntegros, es conveniente examinar alguno de estos a los fines de obtener más datos y eventualmente la reflexión del terminal opuesto.

Finalmente recordamos que el método a reflexión de impulsos puede indicar hasta la presencia de dos defectos.

4.6.3.2 Método de la onda estacionaria.

El método de la onda estacionaria se basa en los siguientes principios:

Cuando una onda de tensión sinusoidal se propaga a lo largo de una línea de transmisión, en este caso reportado por un cable, y presenta un punto de discontinuidad (final del cable, interrupción, cortocircuito), la tensión y la corriente a ella ligada se refleja.

Por ello, respecto a la corriente, se verifica que para determinadas frecuencias, ésta se refleja con ondas que al terminal de prueba están desfasados 180, respecto de aquella incidente.

En estas condiciones el cable se comporta como una impedancia de alto valor.

El esquema de principio del circuito utilizado es el mostrado en la figura 4.20 en el cual G es un generador de frecuencia variable de 0,01 a 10 MHz, C un capacitor, variable y graduado de 1 a 100 μF, V_1 y V_2 dos voltímetros de muy alta impedancia externa. Los valores de frecuencia y capacidad indicados permiten la aplicación del método a cables cuya longitud es de 50 m a 3000 m.

Como el generador está dimensionado para suministrar al cable una corriente prácticamente constante, se verifica que en correspondencia a la frecuencia crítica, el valor de la lectura de V_2 es más elevado que el que se mide para otras frecuencias.

El método presupone la constancia de la velocidad de propagación de la onda en el cable, valor que puede ser determinado con el mismo instrumento en particulares condiciones de prueba.

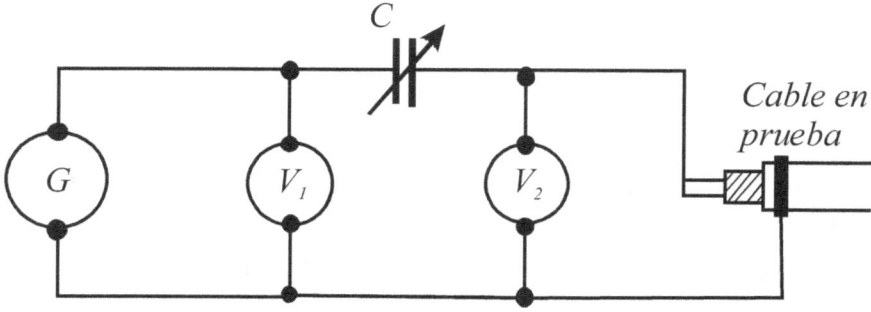

Fig. 4-20 Esquema de principio del circuito utilizado para la aplicación del método de la onda estacionaria.

Haciendo referencia al circuito de la figura 4-20, cuando V_1 es regulado a 10-20-30 V, V_2 no da indicaciones sensibles salvo que se alcance la frecuencia crítica.

Cuando V_2 indica la máxima desviación, se debe tomar nota de la frecuencia, respetando la operación para frecuencias sucesivas. Cuando se trata de una falla transversal (defecto de aislación) la frecuencia crítica debe estar entre ellos según los valores 1, 3, 5, 7, etc. mientras que en el caso del defecto de continuidad se da la sucesión 2, 4, 6, etc.

Las tensiones que se miden sobre el cable (proporcionales a la amplitud) presentan un andamiento, en función de la frecuencia, representado en las figuras 4-21 y 4-22 los diversos comportamientos del tipo de reflexión producido en el caso de cable abierto o cortocircuito en el punto de falla.

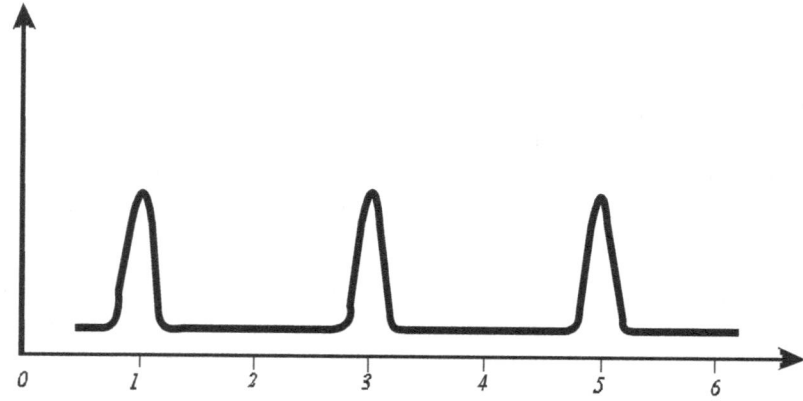

Fig. 4-21 Valores de la tensión a las terminales del cable en función de la frecuencia en el caso de falla transversal (defecto de aislación).

En el caso que verifiquen los máximos para frecuencias diferentes de las indicadas, estas serán de una amplitud menor y son atribuibles a eventuales armónica producidas por el generador.

La relación existente entre la distancia de la falla a la frecuencia de resonancia es la siguiente:

$$= \overline{\dfrac{}{f \cdot \varepsilon}}$$

Donde:

L: es la distancia a la falla del terminal del cual se prueba, expresada en metros.

f: es la frecuencia de resonancia expresada en MHz.

n: es el número de cuartos de onda 1, 3, 5, etc. para falla transversal y 2, 4, 6, etc. para fallas en serie.

: es la constante dieléctrica relativa del aislante del cable.

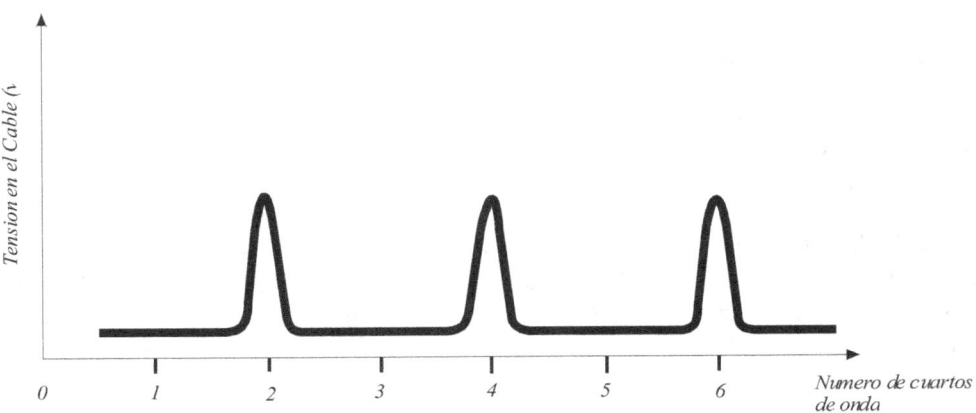

Fig. 4-22. Valores de la tensión a las terminales del cable en función de la frecuencia, en el caso de fallas longitudinales (defecto de continuidad).

El valor de x_x puede ser obtenido de los datos característicos del cable o estimado en forma aproximada.

La dificultad mayor consiste en establecer la frecuencia de resonancia de un cable de longitud conocida y de iguales características. Se puede operar al respecto con un conductor íntegro igual al cable en prueba. Indicando con L la longitud del cable patrón y t_c la frecuencia correspondiente al mismo número de cuartos de onda se tiene:

$$= -$$

En el cable patrón se deben conectar los terminales en la misma forma que se presenta en la falla, es decir abierto o en cortocircuito. Otra forma de elaborar los resultados obtenidos es usando la relación:

$$\Delta f = \frac{}{2L}$$

Donde:

Δf : es el incremento de frecuencia entre dos frecuencias sucesivas de resonancia (MHz).

v: es la velocidad de propagación (m/µs).

L: es la distancia de la falla expresada en metros.

En este caso es necesario asumir a priori un valor de la velocidad de propagación o determinar por medio del cable patrón de longitud conocida (Lc) mediante la relación:

$$= 2 \, Lc \, \Delta f$$

El método de la onda estacionaria se presta para la determinación de fallas en cables con derivaciones. En tal caso, en cada terminación libre los conductores deben ser unidos entre sí, mediante una resistencia de 40 a 60 ohm, correspondiente a la impedancia característica del cable.

Para efectuar la medición se opera sucesivamente, en correspondencia con las diversas terminaciones, recordando que el efecto de resonancia se verifica también en los puntos de derivaciones, los que deben ser considerados puntos de falla y del análisis efectuado se determina si existen otras fallas.

La principal ventaja técnica de este método es que suministra un resultado numérico, independiente de las interpretaciones subjetivas del operador; como en el caso del método de reflexión a impulso.

El equipamiento necesario de los instrumentos no presenta dificultades.

Ensayo de Materiales y Componentes Electrotécnicos

CAPÍTULO V.
CAPACITORES.

GENERALIDADES.

La adopción de los sistemas eléctricos de corriente alterna ha traído como primera consecuencia, el problema del factor de potencia en las instalaciones eléctricas, debido a que la mayor parte de las máquinas eléctricas de uso corriente presuponen la absorción de una parte de la potencia reactiva, lo que determina el uso no racional de las instalaciones.

El problema abarca el campo técnico y el económico y las soluciones adoptadas deben tener en cuenta estos factores que tienen un carácter determinante en la elección de las soluciones.

En las grandes instalaciones de transporte y distribución el desfasamiento, hasta una cierta época, era compensado con la instalación de capacitores sincrónicos, al final de la línea de transporte de muy alta tensión, los cuales funcionando en sobreexitación, suministran al sistema una parte de energía reactiva necesaria para el funcionamiento de las máquinas eléctricas.

El empleo de capacitores estáticos significó un incremento notable de la tensión de ejercicio, dado que se emplean en redes de distribución de tensión elevada (6 a 30 KV) en los cuales es posible obtener también una regulación de la tensión.

La técnica moderna está orientada a la adopción de soluciones más simples, entre las cuales podemos citar la instalación de baterías de capacitores sobre la línea de alta tensión, de modo que, en consideración de las diversas formas de empleo, se han desarrollado una notable serie de tipos de capacitores que se diferencian, por la técnica constructiva, y por las características intrínsecas relativas a la tensión de operación y a la potencia relativa suministrada.

5.2 CARACTERÍSTICAS CONSTRUCTIVAS DE LOS CAPACITORES.

Los elementos esenciales de un capacitor están constituidos por dos armaduras metálicas constructoras, separadas de una lámina de material aislante (dieléctrico).

En general, los capacitores destinados a la comparación del factor de potencia de las instalaciones, alcanzan un notable valor de la capacidad y como consecuencia de grandes superficies metálicas y de una selección adecuada del dieléctrico.

Esta necesidad trae como consecuencia un análisis detallado de las dimensiones que definen el valor de capacidad (C) de un capacitor de placas planas.

$$= \; —$$

En la cual ε indica la constante dieléctrica que varía de acuerdo al tipo de material aislante usado; S indica una superficie útil de la armadura, mientras que d indica la distancia entre las placas.

De la relación es fácilmente relevable que para obtener valores elevados de capacidad es necesario recurrir a materiales aislantes de elevada constante dieléctrica y mantener al mínimo posible la distancia entre placas.

La impregnación se hace con aceite mineral. La armadura y el papel se moldean en forma de un rollo, de modo que resulte fácil el arrollamiento en un mandril rodante.

Para esta operación se utilizan máquinas especiales que aseguren un arrollamiento regular y completo de los materiales, evitando la formación de arrugas sobre la armadura y sobre el dieléctrico, dado que estos defectos provocan alteraciones en el campo eléctrico con la formación de gradientes peligrosos para la resistencia del dieléctrico.

En general, el armado se logra partiendo de los extremos (figura 5-1) del siguiente modo:

- Una hoja de papel.
- Armadura de aluminio.
- Un cierto número (a) de hojas de papel.
- Armadura de aluminio.
- Un cierto número (a-1) de hojas de papel.

Las conexiones de corriente se realizan mediante lengüetas metálicas puestas en contacto con las armaduras e introducidas en la bobina durante el arrollamiento.

El número de bandas utilizadas está de acuerdo al valor de la corriente relativa, teniendo en cuenta las pérdidas por efecto Joule.

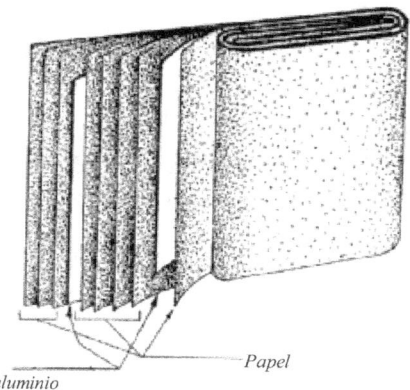

Papel

aluminio

Fig. 5-1. Disposición de la armadura y del dieléctrico de un capacitor arrollado.

A la operación de arrollamiento, le sigue la de impregnado, que debe ser empleado adoptando particulares precauciones que aseguren la buena respuesta del capacitor.

En general se procede de la siguiente manera:

1° el capacitor armado, no impregnado, se lo somete a un secado en vacio en un ambiente cuya temperatura varía entre 100 y 110 °C. La operación puede ser seguida durante su desarrollo por la medición del factor de pérdidas, usando el puente de Schering y puede durar varios días.

2° obtenido el grado de secado requerido y manteniendo el capacitor en el auto clave se le agrega el impregnante aislante y libre de humedad, en estado líquido.

3° se lo introduce en el auto clave con aire seco y caliente a temperatura elevada, de modo de someter al impregnante para que elimine todas las burbujas de gases formados en el dieléctrico.

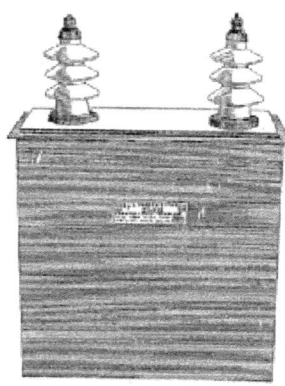

Fig. 5-2 Vista externa de un capacitor monofásico de 40 KVAR 9000 V.

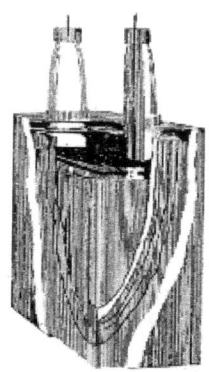

Fig. 5-3 Vista en corte de capacitor de 35 KVA, 400 V.

4º una vez alcanzado el grado de impregnación requerido se procede al sellado del capacitor a los efectos de impedir, en forma absoluta, la absorción de humedad atmosférica o la contaminación del impregnante con impurezas de cualquier tipo.

5.3 ENSAYO DE CAPACITORES.

Los ensayos de verificación que se hacen sobre los capacitores pueden ser clasificados de la siguiente manera:

- Ensayos de tipo.
- Ensayos de recepción.

Y pueden ser realizados sobre una unidad completa o sobre capacitores elementales que forman la unidad.

Antes de entrar a considerar los ensayos de los capacitores consideramos oportuno mencionar algunas definiciones de acuerdo con las normas internacionales.

Capacitor elemental.

Por capacitor elemental se entiende la parte indivisible de un capacitor constituido por dos electrodos separados por un dieléctrico. Esta prácticamente constituido por cada bobina simple puesta en una unidad.

Unidad de capacitores.

Es el conjunto de uno o más capacitores elementales, conectados entre ellos y contenido en una misma cuba.

Terminales de línea.

Son los terminales destinados a la conexión con la línea de alineación.

Tensión nominal.

Es el valor eficaz de la tensión sinusoidal por la cual el capacitor ha sido dimensionado en sus parámetros. En el caso de capacitores polifásicos, la tensión nominal está referida a los terminales de línea; también definida como tensión nominal de trabajo.

Tensión nominal de aislación.

Es el valor nominal de la tensión que define el grado de aislación respecto a tierra, en resguardo de las solicitaciones de frecuencia industrial y de impulso.

Tensión nominal del capacitor elemental.

Si el capacitor está formado por n elementos iguales, puestos en serie, el valor de la tensión nominal de los elementos se calcula dividiendo por n el valor de la tensión nominal de trabajo.

Potencia nominal.

Es el valor de la potencia reactiva, a la tensión y frecuencia nominales, para las cuales el capacitor ha sido previsto.

Corriente nominal.

Es la corriente que se verifica en los conductores de línea a la potencia nominal.

Pérdidas del capacitor.

Están constituidas por la potencia activa disipada por el capacitor.

Tangente del ángulo de pérdidas (tang δ).

Es la relación entre las pérdidas del capacitor y el valor de la potencia reactiva.

Temperatura ambiente normal y otras condiciones de prueba.

La temperatura ambiente normal para la ejecución del ensayo está comprendida entre 15°C y 35°C, la humedad relativa comprendida entre 15 y 35%, mientras que la presión atmosférica debe estar comprendida entre 85 KPa y 100 KPa.

TABLA 5.1 Clasificación de los capacitores en base a las condiciones de utilización.

Categoría de temperatura (°C)	Temperatura ambiente mínima (°C)	Temperatura ambiente máxima		
		Punta (°C)	Media sobre 24 hs (°C)	Media sobre el año (°C)
-40 ÷ +40	-40	40	30	20
-10 ÷ +40	-10	40	30	20
-10 ÷ +45	-10	45	40	30
-10 ÷ +50	-10	50	45	35

5.3.1 Ensayos de verificación de las características eléctricas.

5.3.1.1 Ensayo de perforación instantánea.

Para el ensayo de perforación instantánea y gradual se deben seleccionar, antes de la impregnación, algunos capacitores elementales identificados en forma clara.

Las partes seleccionadas deben ser sometidas a la impregnación utilizando los mismos métodos que se usan para la unidad completa, y deben estar provistas de los terminales de operación.

En las condiciones previas debe estar determinado el número de capacitores elementales a ensayar, en general se seleccionan cinco elementos para la perforación instantánea y cinco para la perforación gradual.

El ensayo puede ser realizado indiferentemente con corriente continua o con corriente alterna. En el segundo caso tiene importancia particular la modalidad de aplicación de la tensión que, según las prescripciones de las normas IEC debe ser efectuada partiendo de un valor igual a 3 Vm (Vm = tensión nominal del capacitor elemental) e incrementando el valor de la tensión a una velocidad de crecimiento próxima a Vm cada cinco segundos, hasta llegar a la perforación.

La selección entre el valor de la tensión de descarga en continua y el valor de descarga en alterna es aproximadamente igual a dos.

Los criterios para determinar la aceptación deben ser fijados en las condiciones previas, pero pueden ser los siguientes:

- Para capacitores de media tensión:
    - Tensión media de descarga en corriente alterna 6 a 7 Vm.
    - Tensión media de descarga en corriente continua 12 a 14 Vm.
- Para capacitores de baja tensión:
    - Tensión media de descarga en corriente alterna 5 a 6 Vm.
    - Tensión media de descarga en corriente continua 10 a 12 Vm.

El esquema de principio del circuito para el ensayo con tensión continua está representado en la figura 5-4.

Para el ensayo con tensión continua, la potencia del equipamiento puede ser reducida notablemente respecto a la necesaria para el ensayo con tensión alterna, y luego por evidentes razones, los resultados ponen en evidencia cualquier dato relativo a la construcción del capacitor, como ser el gradiente de descarga que puede estar ligado a la densidad del dieléctrico utilizado.

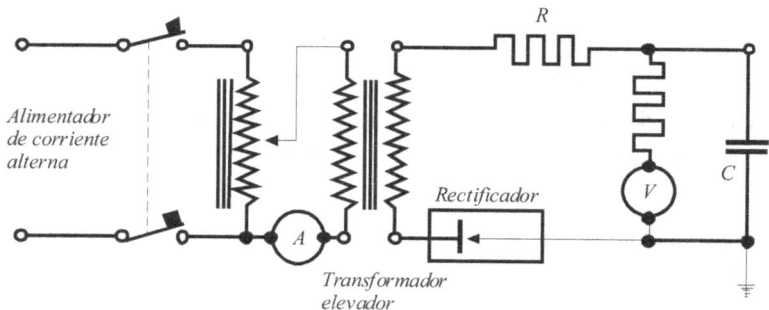

Fig. 5-4. Esquema de principio del circuito utilizado en el ensayo de perforación instantánea.

5.3.1.2 Ensayo de perforación gradual.

Como hemos dicho anteriormente, también este ensayo se realiza sobre capacitores elementales, siguiendo la modalidad indicada y usando una tensión alterna cuyo valor debe partir de 4 Vm manteniéndose por el intervalo de tiempo de un minuto y aumentar después hasta la perforación con gradiente de tensión iguales a Vm mantenidos por un minuto. Según las normas IEC, el ensayo debe realizarse con tensión alterna para valorar el efecto global de las pérdidas dieléctricas, los factores que provocan el calentamiento, el efecto de la ionización y la rigidez dieléctrica.

El criterio utilizado no corresponde a la realidad, debido a que siendo muy breve el intervalo de tiempo en el que se realiza el ensayo, no permite manifestaciones de calentamiento evidentes y por lo tanto este ensayo tiene un valor solamente estadístico.

Los criterios de aceptación en base a los resultados obtenidos deben ser fijados previamente, pero pueden usarse los siguientes:

Tensión media descarga

- Para capacitores de media tensión 6 Vm.

- Para capacitores de baja tensión 5 Vm.

El circuito para el ensayo de perforación gradual se muestra en la figura 5-5.

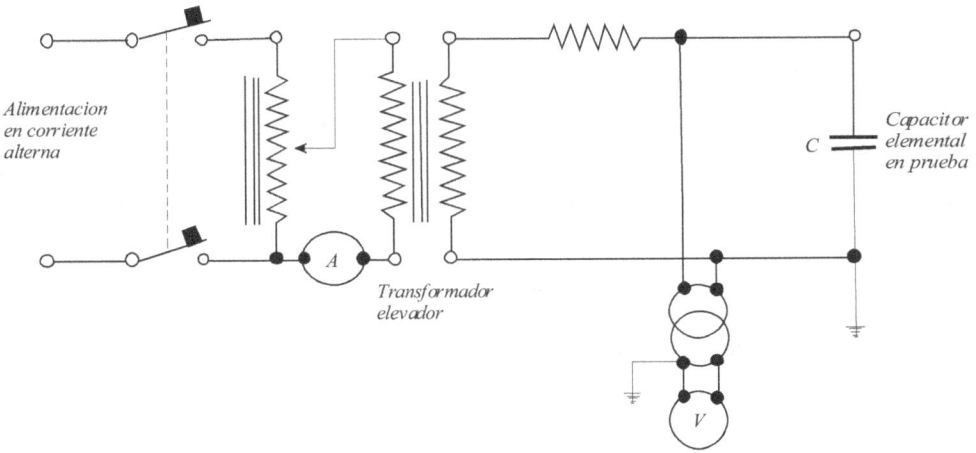

Fig. 5-5. Esquema de principio del circuito utilizado en el ensayo de perforación gradual.

5.3.1.3 Ensayo de tensión aplicada.

El ensayo de tensión aplicada constituye la prueba individual a realizar en seco, para todos los capacitores de la serie por el equipamiento destinado a la instalación, como ensayo de tipo, para un solo ejemplar, es necesario realizar el ensayo de tensión aplicada bajo lluvia normalizada. Los ensayos de tensión aplicada según las diversas modalidades, comprende los siguientes tópicos:

- Verificación de la aislación entre las armaduras.

- Verificación de la aislación respecto a masa.

Es evidente que el ensayo de tensión aplicada necesario para la verificación de la aislación respecto a masa debe realizarse solo en los capacitores que tengan los terminales de línea aislados de la cuba porque, en caso contrario esa verificación se hace con el ensayo de tensión entre las armaduras principales.

5.3.1.3.1 Ensayo de tensión aplicada entre los terminales de línea.

El ensayo se puede realizar con corriente alterna o con corriente continua, teniendo presente que en el primer caso, el valor de la frecuencia puede ser comprendida entre 15 y 100 Hz, siendo recomendable utilizar la frecuencia nominal.

La forma de la onda de la tensión debe ser prácticamente sinusoidal de modo que la medición puede ser efectuada con un instrumento sensible al valor eficaz; en caso contrario el instrumento usado debe indicar el valor de cresta.

El valor de la tensión de ensayo, en el caso de tensión alterna debe ser de 2,15 veces el valor de la tensión nominal de trabajo.

El circuito para el ensayo es el mismo que se usa para el ensayo de perforación gradual mostrado en la figura 5-5, variando naturalmente las características del equipamiento.

En general, para el ensayo es necesario contar con una potencia elevada que en el caso de capacitores monofásicos ensayados a frecuencia nominal, esa potencia es del orden de 4,6 veces la potencia nominal del capacitor.

Por esta razón, las normas internacionales permiten que el ensayo se realice con tensión continua, utilizando el circuito empleado para el ensayo de perforación instantánea mostrado en la figura 5-4.

Si se opta por la tensión continua, el valor de la tensión aplicada debe ser el doble del prescripto para el ensayo con tensión alterna, es decir de 4,3 veces la tensión de trabajo.

Sobre el tiempo de duración del ensayo, ya sea con tensión continua o alterna hay una divergencia marcada entre las normas IEC y las normas de los diversos países. Las normas internacionales establecen una duración de 10 segundos, teniendo presente que las solicitaciones derivadas de la prolongación en el tiempo del ensayo pueden provocar en el capacitor la formación de gases suficientes que pueden acortar sensiblemente la vida útil del aparato por los fenómenos de ionización que se producen.

La aplicación de la tensión de ensayo no presenta dificultades para los capacitores monofásicos, mientras que en los trifásicos la tensión debe ser aplicada sucesivamente de modo que todas las armaduras del capacitor sean sometidas a la tensión de prueba.

El resultado del ensayo será favorable cuando no se verifican descargas internas o externas que se ponen en evidencia con un amperímetro insertado en el circuito, el cual, en caso de descarga seguida de una perforación, indicará un aumento violento de la corriente.

Para tener la seguridad absoluta sobre el resultado del ensayo es aconsejable realizar, antes y después del ensayo de tensión aplicada, la medición de la capacidad y del ángulo de pérdidas. Los valores deben resultar prácticamente iguales en las dos mediciones, salvo los efectos secundarios debidos al calentamiento y a la polarización del dieléctrico.

5.3.1.3.2 Ensayo de tensión aplicada respecto a masa.

Cuando se opera con capacitores en los cuales todas los terminales de línea están aislados de la cuba, cada unidad debe ser sometida a un ensayo de tensión aplicada entre todas las terminales de línea conectadas entre si y la masa del capacitor.

La tensión de prueba debe ser alterna con una frecuencia comprendida entre 15 y 100 Hz con forma de onda prácticamente sinusoidal.

El circuito usado para el ensayo puede ser el mostrado en la figura 5-5 naturalmente modificando las conexiones a las terminales del capacitor en prueba.

La tensión de prueba de tener el valor correspondiente a la tensión nominal de aislación del capacitor.

La potencia necesaria no asume, generalmente, valores elevados porque la capacidad que presenta el capacitor respecto a la masa es baja.

Para capacitores destinados a instalaciones a la intemperie, se prescribe un ensayo de tensión aplicada respecto a masa bajo lluvia y realizado en un solo capacitor como ensayo de tipo.

El capacitor montado en las mismas condiciones previstas para la operación debe ser sometido a una lluvia de agua suministrada por un equipo especialmente diseñado a tal fin.

El resultado del ensayo será favorable si no se verifican perforaciones del dieléctrico a descargas externas.

5.3.1.4 Ensayo de resistencia al impulso de tensión.

El ensayo de resistencia al impulso de tensión se realiza sobre capacitores destinados a instalaciones y redes especiales expuestas, cuando tienen todos los terminales de línea aislados del capacitor, aplicando los impulsos de prueba a los terminales de línea conectados entre si y la masa.

Para capacitores previstos para funcionar con un terminal de línea puesto a masa, el ensayo se realiza limitadamente sobre los aisladores presentes, antes de ser montados en el capacitor.

El ensayo de impulso debe ser, en cada caso, entendido como ensayo de tipo y se realiza en seco.

La onda de impulso a emplear es la plena normalizada 1,2/50 sobre los cuales se admite la tolerancia de las normas IEC internacionales. El ensayo se realiza aplicando sobre el capacitor sucesivamente cinco aplicaciones de impulsos de polaridad positiva y cinco de polaridad negativa.

El valor de la tensión de ensayo es el que corresponde a la clase de aislación del capacitor. El circuito utilizado para el ensayo es el mostrado en la figura 5-6.

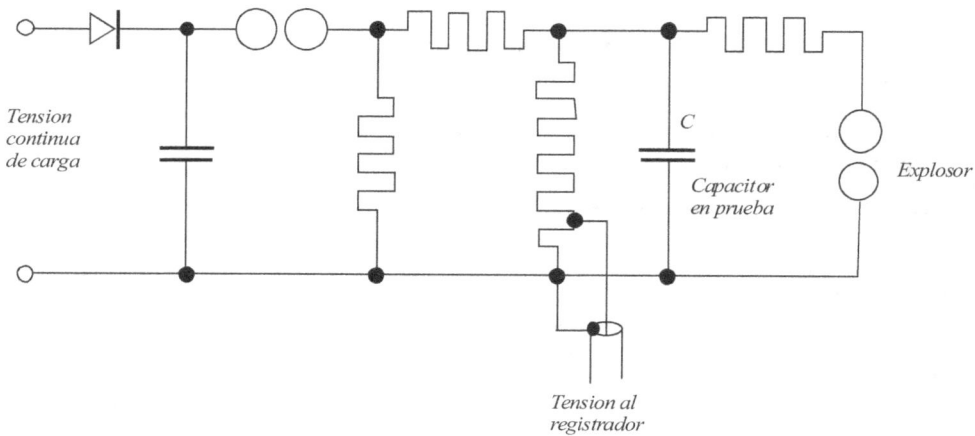

Tension continua de carga

Capacitor en prueba

Explosor

Tension al registrador

Fig. 5-6. Circuito de un generador de impulso de tensión.

5.3.1.5 Medición de la capacidad y de la pérdida a temperatura ambiente.

La medición de la capacidad y de las pérdidas de un capacitor, efectuada a temperatura ambiente debe ser considerada como prueba de aceptación realizada sobre todas las unidades que componen la remesa.

La medición puede ser hecha en forma simultánea.

Si se recurre al método de puente o en forma separada, las prescripciones de las normas IEC indican como valor de la temperatura ambiente, un intervalo comprendido entre 15 y 35 °C. Para el futuro tiende a restringirse notablemente estos límites.

La medición debe efectuarse a la frecuencia normal y preferentemente a la tensión nominal.

La ejecución de la medición a la tensión nominal puede presentar algunas dificultades cuando la unidad sometida al ensayo tiene una potencia reactiva notable, además de la presencia de armónicas en la tensión de alimentación.

Las tolerancias admitidas por las normas IEC para los valores de capacidad son los siguientes:

- Capacitores aptos para tensión hasta 600 V + 10% a -5%.

- Capacitores aptos para tensión superior a 600 V, o con más elementos en serie +10% a -10%.

Con referencia a los capacitores trifásicos y respecto a la capacidad, las normas IEC indican iguales valores de tolerancia.

La capacidad medida entre dos terminales de línea cualesquiera, no debe apartarse del valor medio de las tres combinaciones posibles; más del 10% para capacitores aptos para tensiones hasta 600 V, y más del 5% para capacitores aptos para tensiones superiores a 600 V.

Para los valores de las pérdidas admitidas por las normas IEC fijan un límite al valor de la tangente del ángulo de pérdidas que no debe resultar superior a 0,004. Para capacitores de buena calidad en general, no supera el valor de 0,003.

Las pérdidas de los capacitores pueden expresarse también como la relación entre la potencia activa y la potencia reactiva. Siguiendo este criterio, el límite de pérdidas fijado por las normas IEC es de 4 W/KV A.

5.3.1.6 Medición de la capacidad y de la tangente del ángulo de pérdidas utilizando el puente de Schering.

El empleo del puente de Schering consiste en efectuar, simultáneamente, la medición de capacidad y la tangente del ángulo de pérdidas del capacitor en prueba.

Dada la importancia particular que tiene esta medición relativa al ensayo de capacitores se considera oportuno exponer rápidamente los criterios en que se fundamenta el método.

En el circuito de la figura 5-7, se distingue con la letra C_x el valor de la capacidad del capacitor en prueba, con R_x su resistencia equivalente serie, C_c la capacidad del capacitor patrón, y con R_3 y con R_4 las ramas resistivas del puente; de las cuales R_4 es variable en forma continua y R_3 variable por escalones o constante.

En paralelo al resistor R_3 está el capacitor variable C_3.

El galvanómetro inserto en una de las diagonales del puente, debe ser apto para corriente alterna. En la otra diagonal del puente se aplica la tensión alterna de alimentación.

La condición de equilibrio del puente se consigue actuando sobre los elementos R_4 y R_3 en primera aproximación.

$$= \frac{1}{\quad} \qquad = - \qquad = \frac{\quad}{\quad +}$$

Cuando se obtiene la condición de equilibrio deben resultar iguales los productos de los valores de impedancia a los lados opuestos del puente, es decir:

$$(-j \quad) = (R_x - \quad) \cdot \frac{\quad}{\quad +}$$

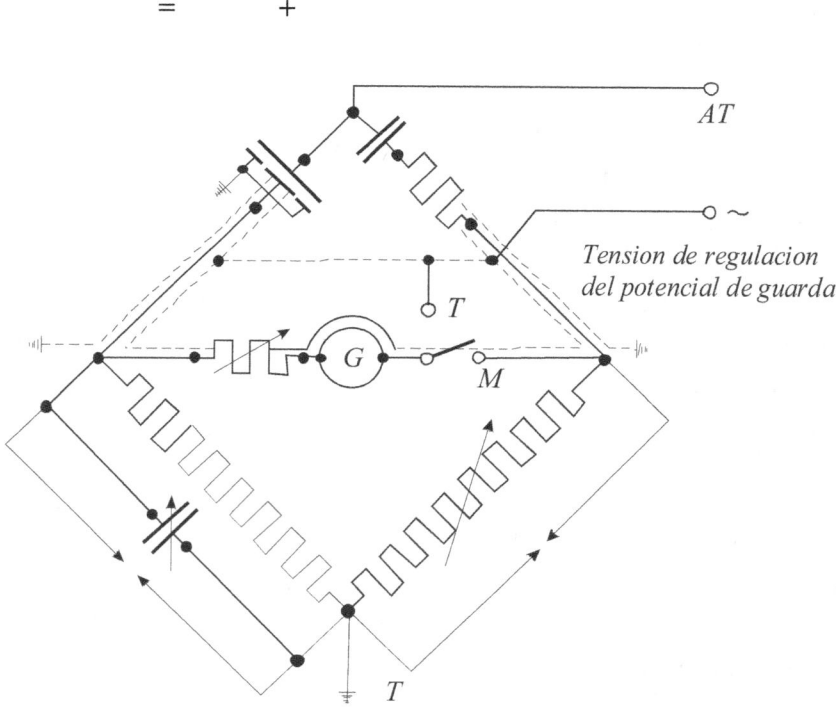

De la cual surge:

$$= \;—\; =$$

Cuando el capacitor patrón no puede ser considerado libre de pérdidas y presenta un determinado ángulo de pérdidas (tangδ); la tangente del ángulo de pérdidas del capacitor en prueba se obtiene de la relación siguiente:

$$= \;+\;$$

AT

Tension de regulacion
del potencial de guarda

T

G
M

T

Fig. 5-7. Circuito de un puente de Schering.

Cuando la capacidad a medir tiene un valor notable, la corriente absorbida por la rama sobre la cual está la incógnita, puede resultar más elevada de la máxima admisible de la relativa rama resistiva, y resultar necesario en este caso, colocar en paralelo a esta rama un derivador antinductivo; y por lo cual deber ser tenido en cuenta en el cálculo la parte de la corriente de prueba derivada a tierra.

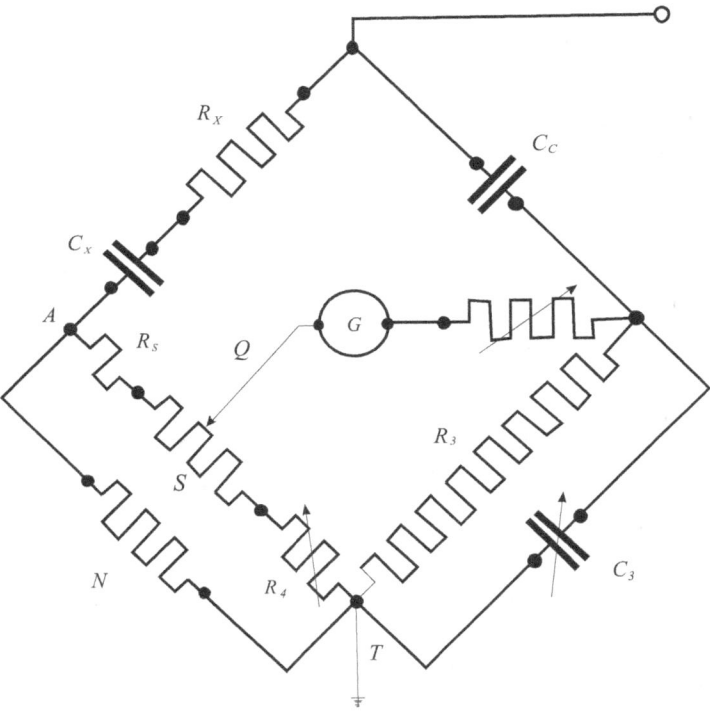

Fig. 5-8 Circuito de un puente de Schering en el que parte de la corriente absorbida por el capacitor es derivada directamente a tierra.

Naturalmente los valores respectivos resultan modificados para tener en cuenta las diversas condiciones de prueba y para lo cual se bebe analizar el circuito de la figura 5-8 para el cálculo de la capacidad y de la tangente del ángulo de pérdidas del capacitor en prueba, obteniéndose las siguientes relaciones:

$$= \frac{+\ \ +\ S\ +}{(R_4 + \ \ )}$$

$$= -\frac{(R_S +\ \ )}{+\ \ +\ S\ +}$$

Para resolver este problema la firma Te tex ha adoptado una ingeniosa solución que prevee la inserción en serie con el capacitor en prueba, de un transformador de corriente de alta precisión, con el cual se reduce la corriente absorbida a un valor admisible en la rama resistiva del puente.

Cuando la medición se realiza sobre valores elevados de capacidad y bajas pérdidas, en la medición del ángulo de pérdidas pueden incidir sensiblemente las conexiones entre el capacitor en prueba y el brazo resistivo del puente, dado que pueden verificarse pérdidas por efecto Joule, en relación al valor de la resistencia óhmica, no despreciable.

En la evaluación puede ser tenido en cuenta el fenómeno, pero es aconsejable reducir al mínimo el largo de las conexiones o también utilizar conductores de mayor sección.

Otra consideración es relativa al shunt de derivación de la corriente absorbida por el capacitor en prueba, el cual está contenido en una caja externa al puente. Se debe tener presente que la conexión entre shunt y resistores es particularmente delicada, en cuanto puede ser sede de pequeñas fuerzas electromotrices inducidas, en particular sobre el valor de la tangente del ángulo de pérdidas, el cual viene, generalmente medido en defectos.

El uso del puente de Schering permite realizar las mediciones a la tensión y frecuencia nominales del capacitor pero, cabe acotar que la medición hecha a una tensión reducida no menor del 50% de la nominal conduce a resultados no demasiado divergentes.

La reducción de la tensión presupone que en el capacitor no se presenten fenómenos de ionización hasta la tensión nominal, condición que se verifica normalmente en capacitores bien construidos.

Cuando el capacitor está provisto de terminales de línea aislados del contenedor es oportuno, que durante la medición, este sea aislado de tierra mediante un buen dieléctrico y conectado conjuntamente con el brazo resistivo del puente de Schering.

5.3.1.7 Medición de la capacidad y del ángulo de pérdidas en función de la temperatura y de la tensión.

Los criterios que se exponen no han sido normalizados en el campo internacional, existiendo acuerdos preliminares a los fines de establecer los límites de la tangδ por lo menos.

A título orientativo es aconsejable que el valor establecido no difiera de aquel asumido como límite para la medición a temperatura ambiente.

La medición se efectúa con el puente de Schering, siguiendo los procedimientos enunciados anteriormente. El capacitor debe ser colocado en un horno en el que la temperatura sebe ser mantenida entre 70°C y 80°C, mediante un termómetro de regulación manteniéndolo como mínimo 24 horas, tiempo necesario para que la temperatura media sea de 75°C en correspondencia con la que el dieléctrico alcanza una fluidez suficientemente elevada.

En estas condiciones se aplica al capacitor la tensión de prueba y se efectúa la medición reduciendo el intervalo de tiempo de aplicación de la tensión al estrictamente necesario para obtener el resultado.

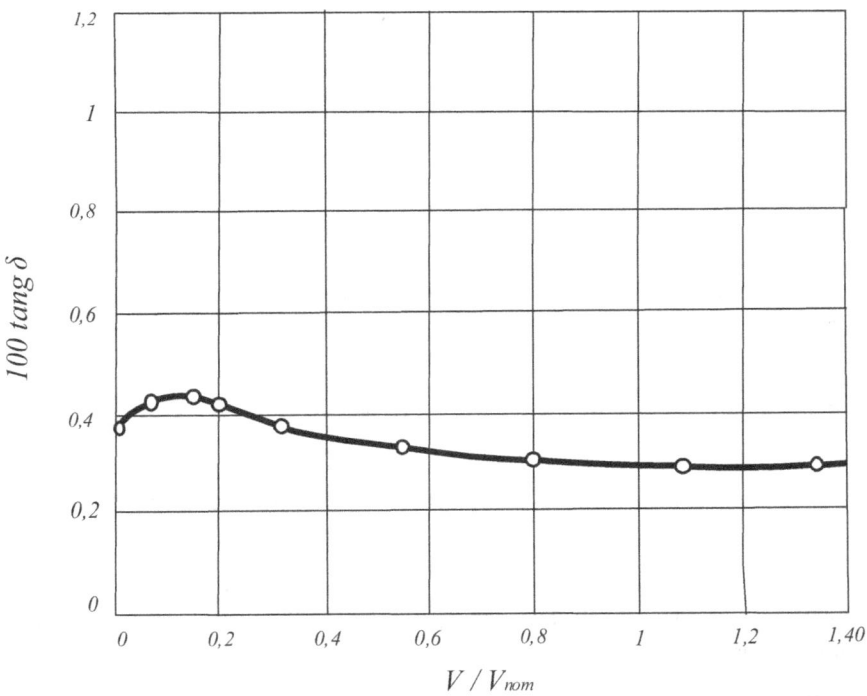

Fig. 5-9 Valores de la capacidad y de la tangente del ángulo de pérdidas de un capacitor en función de la tensión y a la temperatura de 75°C.

La curva típica relativa a los valores de capacidad y de tangente del ángulo de pérdidas expresadas en función de la tensión, es la que muestra la figura 5-9; de la cual es fácilmente valorable que el valor del ángulo de pérdidas se mantiene constante para un intervalo de tensión comprendido entre la tensión nominal y el 30% de esta, tendiendo a aumentar para valores menores y alcanzando su máximo para un 10% de la tensión nominal.

El valor de capacidad es prácticamente independiente de la tensión.

De la comparación entre la medición de capacidad medida a la tensión nominal y temperatura ambiente (θ_a) y la misma medición efectuada a tensión nominal pero a temperatura elevada (θ_e), se observa que la capacidad tiende a disminuir con la temperatura.

Admitiendo que la variación sea lineal con la temperatura, condición de la cual no se aleja en modo sensible, se puede evaluar el coeficiente de temperatura del capacitor examinado.

Luego, si indicamos con Ca el valor de la capacidad a temperatura ambiente y con Ce a la capacidad a temperatura elevada, el coeficiente de temperatura resulta de la siguiente expresión:

$$= \frac{-}{-}$$

El coeficiente indica la variación del valor de la capacidad por cada grado centrífugo de temperatura.

La relación es válida en el intervalo de temperatura comprendido entre la temperatura ambiente convencional de 20°C y la temperatura elevada de 75°C.

5.3.1.8 Medición de la capacidad y de la tangente de ángulo de pérdidas respecto a masa.

Esta prueba de norma se concreta sobre un capacitor por cada lote de impregnación y debe ser efectuada después de la ejecución de la medición entre la armadura principal a temperatura elevada.

Naturalmente la prueba puede ser efectuada sobre un prototipo con los terminales de línea aislados del contenedor.

El capacitor llevado a 75°C de temperatura, se conecta al puente de Schering, aplicando la tensión de prueba entre los terminales de línea conectados entre ellos y la cuba, manteniendo el contenedor aislado de tierra, mediante distanciadores aislados de buena calidad.

El valor de la capacidad respecto a masa varía con el tipo de capacitor y depende de diversos factores; entre los más importantes son la potencia y la tensión nominal de aislación.

Sobre la calidad del material empleado se han logrado importantes mejoras del valor de la tangente del ángulo de pérdidas. Sin embargo se debe decir que sobre este valor influyen diversos factores como el gradiente de prueba, los aisladores pasantes, etc. Normalmente la medición se efectúa a la tensión de trabajo del capacitor y a la temperatura de 75°C, dando valores de la tangente del ángulo de pérdidas comprendidos entre 0,02 y 0,05 como límite máximo puede ser tolerado un valor de 0,1 y la modalidad con la cual se realiza la prueba es la misma indicada en el caso del puente de Schering.

5.3.1.9 Ensayo de estabilidad térmica del capacitor.

Entre las causas que pueden comprometer la vida útil de un capacitor está la ligada al fenómeno de inestabilidad que asume una notable importancia.

Este fenómeno se verifica cuando las pérdidas del capacitor no son equilibradas por la disipación del calor cedido por el contenedor al ambiente externo.

Las causas que pueden producir la destrucción del capacitor son esencialmente las siguientes:

- Incorrecto dimensionamiento del capacitor.

- Tratamiento defectuoso que ha permitido en el capacitor la formación de burbujas de gas, causa primera del aumento del ángulo de pérdidas.

El ensayo de estabilidad térmica tiende a establecer que estas dos condiciones no se verifiquen en el ámbito de un ensayo convencional.

Este ensayo no está prescripto en las normas internacionales IEC pero hay que considerar que debe ser tenido en cuenta en las futuras revisiones de la norma.

Para capacitores con refrigeración natural, el aire ambiente debe estar en calma.

Durante toda la duración del ensayo el valor de la temperatura del aire ambiente debe ser verificado por medio de varios termómetros colocados a 30 cm de distancia del capacitor.

Los termómetros a utilizar pueden ser del tipo de bulbo sensible, constituidos por sondas eléctricas a termocuplas.

Debe ser insertado en el aceite y protegido de la radiación calórica.

El capacitor en prueba debe ser mantenido sin tensión en el ambiente a la temperatura prescripta por un tiempo suficiente a los efectos que todas sus partes tomen la temperatura ambiente; teniendo en cuenta que la constante de tiempo de un capacitor puede ser de 3 a 8 horas, se puede inferir que para alcanzar las condiciones de régimen térmico son necesarias hasta 30 horas.

A régimen térmico alcanzado y mantenido en forma constante en el ambiente a la temperatura prescripta, se aplica al capacitor una tensión alterna sinusoidal de valor 1,2 veces el valor nominal, manteniéndola por lo menos 48 horas.

La primera medición se efectúa con el puente de Schering apenas aplicada la tensión, relevando el valor de la capacidad y de la tangente del ángulo de pérdidas.

A partir de las 38 horas de aplicada la tensión, las mediciones con el puente de Schering se repiten cada 2 horas hasta alcanzar las 48 horas de prueba.

Dada la delicadeza de la medición se recomienda no modificar el circuito de medición durante la prueba.

En las últimas diez horas el valor de la tangente del ángulo de pérdidas debe mantenerse constante dentro de la precisión y sensibilidad de los instrumentos utilizados; que para la tangente del ángulo de pérdidas no debe ser inferior a 10.

En el caso de verificarse variaciones apreciables de la tangente del ángulo de pérdidas, la prueba debe ser continuada hasta que las condiciones de estabilidad térmica o la distribución del capacitor no se verifiquen.

Durante el ensayo, el valor de la tensión y de la frecuencia, deben mantenerse constantes. El esquema del circuito de prueba se muestra en la figura 5-10.

Un dato complementario a tener en cuenta, puede ser el de la sobretemperatura, de algunas partes del capacitor.

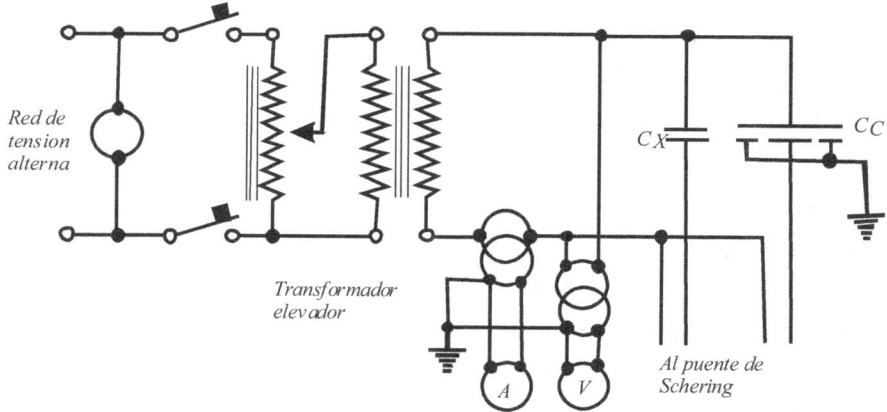

Fig. 5-10. Circuito usado para el ensayo de estabilidad térmica de un capacitor monofásico.

En general, los valores de sobretemperatura no deben ser superiores a 35C para capacitores con refrigeración natural los valores más elevados se verifican en la parte superior del contenedor.

Una vez obtenida la estabilidad, el capacitor es desconectado de la alimentación y dejado en reposo hasta que tome la temperatura ambiente de 45C. En estas condiciones se repiten las mediciones con el puente de Schering; y el ensayo habrá dado un resultado favorable, si los valores de capacidad y de tang δ coinciden con las medidas de inicio del ensayo de estabilidad térmica.

Cuando los resultados no coinciden, pueden presentarse las siguientes causas:

- El valor de la capacidad al final de la prueba difiere del medido al inicio.
- El valor del ángulo de pérdidas resulta superior del medido al inicio.

El primer caso puede deberse a la perforación de algún capacitor elemental, serie de los que constituyen la unidad; en el segundo caso el dieléctrico ha perdido irreversiblemente su calidad.

La tolerancia que establecen las normas IEC admiten que la variación de la capacidad no debe superar el 2%.

Para la tangente del ángulo de pérdidas, las normas no dan ninguna precisión, pero se admite que la tolerancia en su incremento no debe superar el 0,0003.

BIBLIOGRAFÍA.

- José Ramirez Vasquez. MATERIALES ELECTROTÉCNICOS. Ed.CEAC.

- Andrés M. Karez. ELECTROMETRÍA DE MATERIALES MAGNÉTICOS. Ed. Marconbo.

- E. E. Staff del MIT. CIRCUITOS MAGNÉTICOS Y TRANSFORMADORES. Ed. Reverté.

- Alberto Torresi. MEDICIONES EN ALTA TENSIÓN. Ed. Universitas.

- Antoni Bussi –Enzo Coppi. MISURE ELETTRICHE. PROVE E COLLAUDI INDUSTRIALI. Ed. Hoepli.

- Bruno Martinoli. ISOLATORI DI PORCELLANA. Ed.Hoepli.

- Hector L. Sorbelzon. ESPECIFICACIONES DE LOS DESCARGADORES DE SOBRETENSIÓN DE OXIDO DE ZINC A PARTIR DE SU COMPORTAMIENTO. Rev. Electrotécnica.

- ASEA. ZINC OXIDE (ZnO) ARRESTERS TYPE XAP LB 220 – 101 E. Edition 3 1982-01.

- Norma española UNE-EN 60168.

- Norma IRAM 2179 -1990.

- Norma IRAM 2178 -2004.

- Norma IRAM 2472 -1996.

- B. M.Weedy. LINEAS DE TRANSMISIÓN SUBTERRÁNEAS. Ed. Limasa.

- Bowdler G. W. MEASUREMENTS IN HIGT VOLTAGE TEST. CIRCUITS. Ed. Pergamon Press.

- Alberto Torresi. SOBRETENSIONES. Ed. Universitas.

- Dr.F.H.Kseuger. DISCHARGE DETECTION IN HIGT VOLTAGE EQUIPMENT.

- Stöckl M. – Winterling K.H. TÉCNICA DE LAS MEDICIONES ELÉCTRICAS. Ed. Labor.

- José Ramirez Vazquez. INSTALACIONES ELÉCTRICAS GENERALES. Ed. CEAC.

La presente edición de *Ensayo de Componentes y Materiales Electrotecnicos* se terminó de imprimir en el mes de junio de 2020 en Universitas. Pje. España 1467. Córdoba. Te/Fax: 54-351-4680913. email: editorialuniversitas@yahoo.com.ar

Impreso en Argentina